슬기로운
부모생활

따로 또 같이 행복한 여정을 위한
슬기로운 부모생활

초 판 1쇄 2021년 04월 14일
초 판 2쇄 2024년 02월 01일

지은이 정은유
펴낸이 류종렬

펴낸곳 미다스북스
본부장 임종익
편집장 이다경
책임진행 김가영, 윤가희, 이예나, 안채원, 김요섭, 임인영, 황성연

등록 2001년 3월 21일 제2001-000040호
주소 서울시 마포구 양화로 133 서교타워 711호
전화 02) 322-7802~3
팩스 02) 6007-1845
블로그 http://blog.naver.com/midasbooks
전자주소 midasbooks@hanmail.net
페이스북 https://www.facebook.com/midasbooks425

ISBN 978-89-6637-897-5 03590

값 15,000원

• 따로 또 같이 행복한 여정을 위한 •

슬기로운 부모생활

정은유 지음

미다스북스

추천사

박동훈 (부산지역사회교육협의회 회장)

—

"우리 아이 어떻게 키워야 하나? 우리 아이 무엇을 가르쳐야 하나? 우리 아이 유치원은 어쩌지? 우리 아이 어떤 책부터 읽힐까? 학원은 어떻게 하나? 아이가 부모 마음대로 되나? 아이 키우기 참 힘들다. 자식 교육 참 어렵네. 부모 하기 참 어렵네."

많은 부모들이 하는 이야기이다. 아이에 대한 부모의 생각은 무엇일까? 내 아이의 가능성을 고민하고 그 존재 자체를 받아들이려 노력하는가? 아이의 숨겨진 가치와 가능성을 모두 외면해버리라는 세상과 싸워야 하는 것이 부모이다. 자식 교육에 정답이 있을까? 아마도 정답은 없을 것 같다.

나도 오랜 시간 동안 지인들의 자식 이야기를 들으며 막연하게 의문을 갖고 함께 고민하던 중, '부산지역사회교육협의회'라는 평생 교육기관에 몸담게 되었다. 이를 계기로 아이들의 교육을 되돌아보며 부족한 점이 많았음을 새삼 깨달았다. 그러다 정은유 강사님 덕분에 『슬기로운 부모생활』 책을 접하게 되었다. 정은유 강사님은 우리 협의회에 소속된 부모교육 책임지도자이다. 그동안 강사님의 '슬기로운 부모생활'에 관해 이야기를 가끔 듣긴 했어도 막상 책으로 대하니 느낌이 새롭다.

아이들의 발달 단계를 생각하며 부모교육 현장과 상담 현장에서의 사례를 중심 내용으로 꾸민 이 책은 아이 키우기에 어려움을 겪고 있는 부모에게 꼭 필요한 책이다. 그리고 별다른 고민 없이 아이를 키우는 모든 부모에게도 필요한 책이다. 결국, 모든 부모에게 꼭 필요한 책이다.

강사님은 교직에 몸담아오다 엄마의 삶을 선택하고 두 자녀를 키우면서 독서지도사로 주변 아이들을 관심 있게 지켜보게 되었다. 그러면서 '아이들 뒤에는 부모가 있다.'라는 현실을 깨닫고 부모교육에 더 매진하여, 본인 아이들부터 스스로 자립할 수 있게 한 부모이다. 코로나19 상황 속에서도 칸막이 학습장에서는 물론이고 비대면 화상 강의, 방송 학습까지 직접 보고 배우며 스스로 노력하여 주어진 환경 속에서 최선을 다하며 도전하는 멋진 강사님이다.

이 책은 부모들이 아이들의 발달에 따라 생각해야 할 것을 찾아보면서 부모와 아이가 건강하고 긍정적이며 행복한 삶으로 갈 수 있도록 해주는 안내서이다. 비록 정답이 없는 자식 교육일지라도, 자신이 목표로 하는 방향을 찾는 아이들을 위한 부모의 슬기롭고 현명한 선택에 도움이 되리라 생각한다. 나 역시 이 책을 읽으면서 나와 주변 사람들을 돌아보고 슬기로운 부모생활에 대해 다시 한 번 생각하는 시간을 가지게 되었다. 슬기로운 부모생활에 관한 생각과 실천을 위해 애쓰신 노고에 박수를 보내며 앞으로도 슬기로운 부모생활을 위해 계속 애써주시길 부탁드리고 싶다.

장분이 (전북교육청 학부모지원 전문가)

—

꽃은 스스로 축복하며 피어난다고 했던가? 풀꽃 강사 정은유 필자는 자녀교육에 자신만의 철학을 담아 '아이는 스스로 성장하고자 하는 힘으로 살아간다.'라고 자신 있게 말한다. 몇 해 전 전북교육청에서 부모교육 특강이 진행되었다. 부모들에게 온 힘을 다해 강의하는 모습이 꽤 인상적이었다. 이후 필자의 한결같은 사랑으로 지금까지 인연을 이어오고 있다.

이 책에는 매 순간이 실전인 부모들에게 자녀교육에 대한 불안을 덜어주고 싶은 필자의 간절함이 녹아 있다. 자신의 경험과 현장에서 수없이 만나본 부모들과의 공감을 바탕으로 시행착오를 줄여갈 수 있는 지혜를 이해하기 쉽게 풀어냈다. 필자는 아이와의 긴 마라톤에서 당장 눈앞의 나무만 보지 말고 부모들이 숲 전체를 보는 힘을 갖는 것이 필요하다고 말한다.

'부모'라는 이름은 이미, 충분히, 사랑스럽다. 부모는 자녀의 모든 것을 담을 수 있는 넓고 깊은 안목을 지닌 그릇이다. 아이의 눈으로 세상을 보고 아이의 마음으로 노래하는 부모라면 자녀를 통해 자신의 내면을 들여다보고 아이와 함께 성장해나갈 것이다. 부모 지침서 같은 이 책을 통해 부모-자녀의 다양한 개성들이 뿜어내는 향기가 가득하고 찬란한 봄이 되길 바란다.

최승연 (사교육걱정없는세상 사업국 팀장)

—

아이가 태어나는 순간 '부모'라는 이름을 부여받지만 부모 스스로도 정체성의 혼란을 겪는다. 아이 성장의 시기마다 부모로서 맞닥트리는 어려움으로 방향을 잃을 때 나침반 역할을 해줄 안내서가 필요하다. 이미 다 커버린 아이를 둔 엄마로서 아이와 부모가 '따로 또 같이' 건강한 관계를 맺으며 행복한 여정을 함께할 수 있는 슬기로운 방법이 있음을 진작 알았더라면 하는 아쉬움이 크다. 다 커버린 아이를 생각하다 '진작 알았더라면'이란 후회를 더는 하지 않길 바라며 흔들리는 부모들께 꼭 읽기를 권하고 싶은 책이다.

이성우 (네 살, 여섯 살 아이의 아버지)

—

아이와의 관계 개선을 위해 대책 없이 육아휴직을 1년 동안 하게 되었다. 육아휴직 기간 중 절반은 아이와 싸우며 아이와 부모 모두 지쳐가고 있었다. 힘든 게 당연하다고 생각했다. 아이와 부모 모두 처음이니깐. 하지만 정은유 선생님을 만나고 아빠로서의 나의 모습을 되돌아보게 되었다. 아빠로서 몰랐던 부분들이 눈에 들어오기 시작했다. 모든 부모가 좋은 부모가 될 수는 없지만, 이 책을 통해 '부모도 모를 수 있다.'라는 것을 인정했으면 좋겠다. 그래야만 아이에게 한 발 더 가깝게 다가갈 수 있으리라 생각한다.

백한솔 (네 살, 초등학교 1학년 아이의 어머니)

—

나는 아이에게 그릇이 되고 싶었다. 어떻게 하면 더 좋은 것들, 더 많은 것들, 더 유용한 것들을 한가득 담아서 아이들에게 줄 수 있을까 고민했다. 마치 평생을 살 수 있는 것처럼….

부모로서의 삶은 아이들의 성장 과정을 보면서 한없이 기쁘고, 감사하다가도 때로는 한없이 어렵고, 힘들고, 지친다. 이 책은 선물이다. 어렵고 정답이 없는 육아에 몸서리칠 때, 성공의, 성공에 의한, 성공을 위한 삶을 살게 하라 강요하며 세상이 나를 흔들어놓을 때, 등을 토닥토닥 두드려주는 따뜻한 엄마의 목소리다. 완벽한 엄마가 아니라 충분히 좋은 엄마로서 존재하라는 아이의 메시지이다. 이 책을 읽는다면 아이와 부모 모두 삶을 음미하며 살아갈 기회가 될 것이다.

김현주 (초등학교 1학년 아이의 어머니)

—

부모교육 현장에서 정은유 선생님의 에너지를 바로 받은 엄마로서, 부모를 위하는, 아이를 위하는 선생님의 진심이 고스란히 담긴 책을 만나 너무 반갑다. 영아기부터 성인기까지 발달 단계에 따라 아이들에게 왜 그렇게 해야 하는지 충분한 이유와 구체적 방안까지 마련해주셔서 이 책을 읽고 실천만 해도 좀 더 나은 부모가 될 것이라 믿는다.

박정선 (초등학교 5학년, 중학교 1학년 아이의 어머니)

—

'콩 심은 데 콩 나고 팥 심은 데 팥 난다.' 우리 집에서 내 눈에 가장 잘 띄는 곳에 콩과 팥이 나란히 있다. 정은유 강사님의 강의를 듣고 바로 준비한 것이다. 아무리 옳은 말을 해도 잔소리로 들리는 사춘기 아이를 키우고 있는 나에게 백 마디 말보다는 하나의 실천이 습관이 된다는 실천의 중요성을 알게 해주셨다. '다른 사람들은 아이를 잘 키우는 좋은 엄마인 것 같은데 나는 왜 이렇게 힘들까?'라는 생각을 하고 있을 즈음, 그리고 내가 육아의 정답을 찾지 못하고 고민할 때 정은유 강사님의 책은 언제든지 옆에 두고 꺼내 볼 수 있는 고마운 책이다.

김경희 (고등학교 1학년, 고등학교 2학년 아이의 어머니)

—

어릴 땐 엄마의 말을 잘 듣고 아무 문제 없던 착한 딸이 청소년이 되면서 반항도 하고 사소한 문제로 마찰이 잦아져서 부모로서 자신감을 잃어가고 있을 즈음 정은유 강사님의 강의를 듣게 되었다. "관계 회복이 우선이다. 먼저 아이와 좋은 관계를 맺고 긍정적인 시선으로 바라보고 아이의 말을 경청하고 감정에 공감해주어야 한다."라는 강사님의 조언대로 실천하기 시작했다. 엄마가 변하니까 그에 발맞춰서 아이도 거짓말처럼 변하기 시작했다. 엉킨 실타래가 풀리듯 아이와 힘들었던 관계가 조금씩 풀려갔다. 관계가 좋아야 뭐라도 해볼 수 있다는 강사님 조언이 사실임을 깨닫게 되었다.

지금도 가끔은 아이와 사소한 일로 마찰은 있지만, 아이와 좋은 관계를 유지하고 있으니 큰 갈등 없이 해결되어 예전보다 훨씬 자신감이 생겼다.

아이와 부모의 관계를 위협하는 각양각색의 이유로 관계는 나빠지고, 거리가 멀어져 후회하는 상황이 반복되지 않으려면 부모도 공부가 필요하다.

이 책이 부모 자녀의 좋은 관계 맺기와 자녀 이해의 지침서라 확신한다. 부모가 노력하는 만큼 아이들이 변한다는 것을 일깨워준 정은유 강사님과의 만남은 우리 가족에겐 너무나 감사한 일이다.

슬기로운 부모생활

프롤로그

아이들 뒤에는 부모가 있었다

33년 전 대학을 졸업하자마자 바로 고등학교 선생님이 되었다. 불과 다섯 살 차이밖에 나지 않는 학생들을 가르쳐야 하는 햇병아리 선생님. 하지만 지금도 그때를 떠올리면 가슴이 설레고, 기회가 주어진다면 다시 돌아가고 싶은 곳이다. 고등학교 교사로서의 삶은 그리 길지 못했다. 하지만 내 인생의 그 어느 때보다 에너지를 쏟은 시기였다.

결혼하고 첫 아이가 태어나면서 내 삶에도 당연히 변화들이 생겨났다. 다행히 시어머니의 도움으로 학교에 계속 나가며 양육을 병행하였다. 하지만 둘째가 태어나고 더는 시어머니의 도움을 받기 어려워서 교사로서의 삶은 접어야 했다. 가슴앓이하던 그때를 돌이켜보면 아직도 마음이 무겁다. 하지만 똑같은 상황으로 다시 선택의 갈림길에 서게 된다면 눈물을 머금더라도 같은 선택을 할 수밖에 없지 않을까 싶다. 두 아이를 키우며 영유아 시기 양육 환경과 엄마와의 관계가 아이들에게 어떤 영향을 미치는지 절실히 깨달았기에, 직업인으로서의 내 삶도 소중하지만, 엄마의 삶을 선택할 것 같다.

물론 지금도 아이들을 양육하며 맞벌이를 하는 수많은 부모, 특히 어머니들에게 응원의 박수를 보낸다. 그리고 얼마나 힘든 시간을 보내고 있는지도 잘 안다. 단지 이것은 각자 선택의 문제이지 옳고 그름을 따지는 정답의 문제는 아니라고 생각한다. 각자 선택에 따라 최선을 다하면 되는 것이다.

그렇게 두 아이를 키우는 엄마로서 살아가던 중 첫째가 초등학교 5학년, 둘째가 초등학교 2학년일 때 독서지도사로 활동을 하기 시작하였다. 엄마로서 두 아이를 키우면서 아이들의 성장과 동시에 또 다른 변화를 늘 꿈꾸고 있었다. 아이들과 함께 책을 읽고 토론하고, 글 쓰는 일을 하면서 고등학교 선생님 때만큼은 아니지만 또다시 아이들을 만나는 시간을 갖게 되었다. 그렇게 아이들을 만나 즐겁고 의미 있는 시간을 보냈다.

그런데 함께하는 아이들을 보면서 나의 머리를 갸우뚱하게 하는 일이 점점 많아졌다. 아이들의 생활이나 학습 습관의 변화를 위해 아이에게 맞는 미션을 제시하고 아이들은 문제 해결을 위해 노력해보기로 하였다. 쉽지 않은 시도였지만, 변화를 꾀할 역량도 의지도 충분한 아이들이었다. 그런데 일주일 뒤 만나게 된 아이들은 자신들이 보였던 의지와는 달리 똑같은 모습 그대로였다. '도대체 어디서 어떻게 무엇이 잘못된 것일까?'라는 질문을 앞에 두고 고민하고 또 고민하였다. 그러다 어느 순간 나의 무릎을 치게 되었다.

'아이들 뒤에는 변하지 않는 부모가 있다!'라는 현실을 보았다. 그것을 깨달은 이후 아이들과 미션을 진행하는 것도 중요했지만, 부모들과의 대화가 더 중요해졌다. 그 당시 가장 많이 들었던 말이 '독서 지도 선생님이 그렇게까지 할 필요가 있어?'였다. 하지만 나와 함께 독서 수업을 하는 아이들 대부분 내 아이 또래이자 친구들이었고, 이 시기를 놓치면 아이들도 부모들도 더 힘들어질 것을 알고 있었기에 그만둘 수가 없었다.

이러한 시간을 보내면서 아이들의 변화를 위해 아이들에게 직접 알려주는 것도 중요하지만, 부모들을 만나 그들의 변화를 꾀하는 것이 훨씬 더 필요하다는 것을 깨닫게 되었다. 그로 인해 부모교육에 더욱 매진하게 되었다. 부모교육과 관련된 공부에 더 집중하였고, 특히 어머니들을 대상으로 하는 본격적인 부모교육을 시작하였다.

그로부터 16년이 지난 지금까지 전국을 다니며 부모들을 만나고 아이들의 변화는 부모들의 변화로부터 시작되고, 아이들에게 부모가 얼마나 엄청난 영향을 주는 존재인지에 관해 이야기를 나누고 있다. 부모들의 말 한마디, 작은 행동 하나에도 아이들은 엄청난 영향을 받기에 부모로서 늘 깨어있어야 함을 이야기한다.

특히 마음이 아픈 아이들과 상담을 진행하다 보면 99%가 아닌 100% 부모와의 관계에 크고 작은 문제가 있음을 발견할 수 있다. 그리고 그 문제는 아이들만의 노력으로는 해결이 어렵다는 것도 알 수 있다. 마음이 힘들고 아픈 아이들일수록 아이들 뒤에 있는 부모의 변화가 우선하고, 부모의 이해와 노력이 병행되어야 문제 해결이 가능하다.

진작 알았더라면.

이 책은 16년이란 긴 시간 동안 부모교육을 위해 공부하고, 부모교육 현장에서 부모들에게 강조한 내용을 모은 것이다. 물론 이야기하는 이 내용만이 더 중요하고 더 옳다고 이야기하는 것은 아니다. 16년이란 시간 동안 아이들의 이해를 돕기 위해 아이들의 발달에 따른 변화 중 부모들이 중요하게 생각해야 할 것을 위주로 이야기해보려 한다. 부모들이 중요한 줄은 알지만 놓치기 쉽고, 부모의 놓침으로 아이들의 삶에 큰 영향을 줄 수 있기 때문이다.

특히 아이들의 발달 단계에 있어 어느 한 특정 단계의 이야기가 아니라 전 생애에 걸친 이야기를 하려고 한다. 그 이유는 부모교육이나 상담에서 만난 부모들에게서 '진작 알았더라면'이란 후회의 말을 많이 듣기 때문이다. 아이들에게 일어난 문제의 원인을 현재 시점에서만 찾으려고 하다 보니 근본적인 해결 방법을 찾기가 어렵다. 아이들이 보여주는 문제의 원인은 지금보다는 과거의 문제들이 쌓여서 발생하는 경우가 많다. 그러니 지금 단계의 특징이나 모습만을 볼 것이 아니라 과거, 현재, 미래의 모습을 함께 보아야 한다. 즉 나무만 볼 것이 아니라 숲을 먼저 보아야 한다. 아이들의 전 생애의 특징인 숲을 먼저 본 후, 각 단계인 나무를 보아야 한다.

부모가 된 후, 아이와 함께 부모로서의 성장을 시작한다. 아이가 한 살이면 부모도 한 살, 아이가 열 살이면 부모도 열 살이다. 그러기에 부모로서 부족하고 미숙할 수 있고, 실수할 수도 있다. 부모와 아이는 서로 상처를 주기도 하고 서로 보듬기도 한다. 때로는 넘어지기도 하고 다시 일어서는 시행착오를 겪으면서 부모로서 아이와 함께 성장해가는 것이다. 아이와 함께 성장하기 위해 노력해야 한다. 그러하기에 아이가 어떤 과정을 거쳐 성장하는지 알아야 할 필요가 있다.

그리고 아이가 가진 문제를 해결할 수 있는 답은 부모 안에 있을 가능성이 크다. 아이 문제의 원인을 부모의 지나친 욕심이나 기대, 또는 부모가 입은 상처나 무지이든 간에 부모 안에서 찾는다면 어쩌면 그 답을 생각보다 쉽게 찾을 수 있을 것이다. 그래서 부모가 먼저 자신의 모습을 돌아보고 생각해야 한다. 그리고 부모도 공부해야 한다.

부모교육 강사로 활동을 하던 어느 날 나태주 시인의 「풀꽃」이란 시를 만났다. 그날부터 나는 나를 자세히 오래 들여다보기 시작하였다. 예쁘고 사랑스러운 모습을 하나 보고 나니 두 개가 보이고 점점 더 예쁘고 사랑스러운 모습이 많이 보였다. 그래서 나의 강사 닉네임도 풀꽃이라 하고 있다. 지금 이 책을 읽고 계신 부모님들도 먼저 자신을 자세히 오래 보아 예쁘고 사랑스러운 모습을 찾길 바란다. 그러면 아이들의 예쁘고 사랑스러운 모습도 더 잘 보이며, 더 많이 찾게 될 것이다.

"우리 모두 그렇다!"

부모들에게 도움과 위로가 되고, 아이와 함께 방향을 찾아가는 과정에서 작은 실마리라도 되기를 바라는 마음에서 쓴 이 책은 7장으로 이루어져 있다. 1장에서는 부모가 되고 난 이후 부모로서 어렵고 힘든 점에 대해 살펴보았다. 2장부터 6장까지는 영아기, 유아기, 아동기, 사춘기, 성인기 등의 성장 과정에 따라 아이들에게 중요한 것이 무엇이고, 부모가 어떤 역할을 해주어야 하는지에 대해 살펴보았다. 7장에서는 부모와 아이가 건강하고 긍정적인 관계를 맺으며 '따로 또 같이'의 행복한 여정을 위한 슬기로운 부모 생활에 대해 살펴보았다.

이 책에서 언급된 사례들은 부모교육 현장과 상담 현장에서 실제 있었던 이야기를 간략히 실은 것이다. 익명성을 기하고자 각색하였고, 개인 신상 정보에 대한 언급은 자제하였다.

무엇보다 이 책의 내용을 한꺼번에 다 실천해보려는 마음보다는 우선순위를 정해놓고 꾸준히 실천하는 시간이 계속되기를 기대한다. 이미 성장한 아이를 둔 부모라면 아이를 이해하고 지금부터 무엇을 해야 할 것인지 생각하는 데 도움이 될 것이다. 영유아기를 비롯해 성장기 아이를 둔 부모라면 현재 부모와 아이의 모습을 돌아보고, 지금의 모습이 계속된다면 어떤 상황들이 펼쳐질지 예측해볼 수 있을 것이다. 더 나아가 지금부터 어떤 변화가 필요할지 생각해보는 시간을 가지는 것에 도움이 되기를 바란다.

나 역시 두 아이의 엄마로서 부모의 어려움을 누구보다 잘 안다. 그러하기에 지금도 부모로서 나의 모습을 항상 뒤돌아보곤 한다. 벌써 서른 살인 첫째와 스물여덟 살이 된 둘째. 부모 곁을 떠나 주체적이고 독립된 생활을 잘하며, 이젠 부모의 고민도 즐거움도 함께 공유할 수 있는 아이들에게 고마움과 감사를 전한다. 그야말로 '따로 또 같이'의 행복한 여정을 보내고 있다. 그리고 부모교육에 관한 공부를 하고, 강사로서 역할을 하는 데 가장 결정적인 도움을 주고, 함께 변화하며, 응원해준 남편에게도 감사의 인사를 전한다. 마지막으로 이 책을 읽고 계신 부모님들에게 감사하고, 부모님들과 아이들이 함께 성장하여 때로는 같이, 때로는 따로 할 수 있는 '따로 또 같이'의 행복한 여정이 함께하길 바란다.

2021년 이른 봄, 풀꽃 강사 정은유

목차

1장

부모, 할 만하신가요

2장

부모가 온 세상인 영아기

3장

호기심이 마법을 펼치는 유아기

4장

넓은 세상으로 첫발을 내딛는 아동기

5장

알쏭달쏭 오락가락 사춘기

6장

'따로 또 같이' 동행하는 성인기

7장

슬기로운 부모생활

1장

부모, 할 만하신가요

'별처럼 수많은 사람들 그중에 그대를 만나'라는 노래 가사처럼 이 세상을 살아가면서 누구나 수많은 사람 중에 인연을 만난다. 특히 부모와 아이는 이 세상 모든 인연 중 가장 소중하고 각별한 인연이다. 소중하고 각별한 인연인 만큼 많은 것을 줄 수도, 많은 것을 받을 수도 있다. 하지만 부모가 되고 나서야 그 주고받음이 녹록하지 않음을 깨닫게 된다. 그래서 부모는 아이와 많은 시행착오를 경험하기도 한다.

하지만 부모인 우리는 그 시행착오가 두려워 주저앉을 수는 없다. 부모를 통해 이 세상에 온 아이를 부모에게 주어진 운명으로 받아들이고, 부모로서 해줄 수 있는 것이 무엇인지 하나씩 알아가고 배워가는 것이 필요하다.

슬기로운 부모생활

1

준비 없이 부모가 되었어요

아이를 낳고 처음 품에 안았던 순간 느낌이 어떠하였나? 세상을 살면서 손에 꼽힐 만한 감동을 경험한 순간이 아닐까 싶다. 하지만 아이가 커가면서 몹시 심하게 말을 듣지 않거나, 또박또박 말대꾸라도 하면 속이 뒤집히다 못해 내가 어쩌자고 부모가 되었나 하는 생각이 들 때도 있었을 것이다. 다음과 같은 구인광고가 있다면 지원할까?

1. 나이 제한은 없습니다.
2. 면접 없이 언제든 할 수 있습니다.
3. 특별한 자격증을 요구하지 않습니다.

4. 학력과 경력도 요구하지 않습니다.

5. 시작은 여자와 남자가 한 팀을 이룹니다.

6. 한번 시작하면 마음대로 관둘 수는 없습니다.

7. 연중무휴, 24시간 근무입니다.

8. 무보수입니다.

9. 무한 책임이 뒤따릅니다.

과연 누구와 관련된 구인광고일까? 부모이다. 만약 부모가 이러한 조건인 것을 미리 알았다면 부모들은 어떤 선택을 하였을까? 사람들 대부분이 부모가 되기 전 고민에 고민을 거듭하였을 것이다. 하지만 애석하게도 부모들은 부모가 되기 전 부모가 어떤 존재이고, 자신이 어떤 부모가 되어야 하는지 생각해볼 겨를도 없이, 세상 어떤 역할보다 귀한 부모 역할에 대한 구체적인 생각이나 준비 없이 부모가 된다.

시간이 지나면서 아이와 관계를 맺는 과정에서 수많은 시행착오를 겪으며 자신은 부모와 맞지 않는 건 아닌가 하는 생각을 하기도 한다. 그러다 보니 부모도 자격증이 필요하다고 말을 하는 부모들을 많이 볼 수 있다.

아이를 낳으면 저절로 부모가 되고, 아이는 저절로 부모의 말을 잘 듣고, 그래서 별다른 어려움 없이 아이와 함께 잘 살아갈 수 있으리라 생각한다. 하지만 현실이 그렇지 못하다는 것을 아이의 성장과 함께 뼈저리게 느끼게 되는 것이다. 미처 준비하지 못한 채 부모가 된 만큼 지금부터 아이에게 어떤 부모가 되어야 하는지에 관한 공부를 시작해보자.

■ 생각 나누기 ■

내가 만일 부모가 된다면?

아이가 부모를 찾아오고 엄마와 한 몸으로 지내는 열 달 동안 부모들은 앞으로 함께할 아이와의 삶에 대해 무수한 상상을 한다. '언제나 예쁜 목소리로 말해야지.', '친절하게 이야기해야지.', '무조건 사랑해야지.', '아이가 원하는 것은 다 들어주어야지.', '많이 놀아주어야지.'

내가 만일 부모가 된다면? 어떤 부모가 되고 싶은지에 대해 생각을 나누어보자.

▶ 내가 만일 부모가 된다면?

▶ 이유

엄마, 아빠는 언제나 너에게 사랑한다고 말할게.

이미 준 사랑은 잊고, 못다 준 사랑만 기억할게.

엄마, 아빠의 사랑으로 항상 행복하길 바랄게.

나의 사랑아!

2

부모, 할 만하신가요?

'부모!'

부모인 여러분은 지금 어디에 서 있으며 어디로 가고 있는지 알고 있나요? 아이에게 부모는 어떤 존재일까요? 아니 어떤 존재이어야 할까요?

몇 년 전 초등학교 2학년 아들을 둔 어머니가 아이 때문에 너무 힘들다며 아이를 어떻게 하면 좋을지 답을 알고 싶다고 찾아온 적이 있었다. 어머니의 이야기를 들어보니 부모는 최선을 다해 아이를 지원하는데 아이는 부모가 원하는 만큼 기대치를 충족시키지 못하는 것이었다. 그러면서 부모가 지원해주는 대로 아이가 잘 따를 수 있도록 지도해달라고 하였다. 구청 부모교육에서 만난 또 한 분의 어머니가 떠오른다. 고등학교 1학년인 아들을 둔 어머니였다. 중학교 때까지는 부모가 시키는 대로 잘 따라 외국어고등학교까지 입학하였는데 문제는 입학 이후에 드러났다. 외고 입학 후로는 아이가 곧잘 하던 공부도 손을 놓고 무기력해진 것이다. 그러면서 1학기를 다 마치기도 전에 전학하겠다고 하면서 부모님과의 갈등이 심해졌다. 마침내 아들은 특성화고로 전학하였고, 그런 아들의 모습을 본 어머니는 도저히 아들을 이해할 수가 없었다. 힘든 가운데 아이에게 어떻게 해줄 것인지 고민에 몰두하며, 아들에게 필요한 것이라면 무엇보다 먼저 지원하고 고생했는데 너무 허무하고 살아갈 힘이 없다며, 아이를 어떻게 하면 좋겠는지를 물어왔다.

두 사례만 이야기하였으나 주변에서 흔히 볼 수 있는 일이다. 부모교육과 상담을 통해 부모들을 만나면 정도의 차이가 있을 뿐 누구에게서나 들을 수 있는 이야기이다.

앞에서 이야기했듯이 부모가 어떤 존재이고, 아이를 낳으면 어떻게 해야 하는지 준비가 되지 않은 채 우리는 부모가 된다. 그러다 보니 부모 자격증이란 것을 만들어서 그 자격증을 취득한 사람만 부모가 되게 했으면 좋겠다고들 말한다. 아이를 낳으면 저절로 부모가 되고, 아이는 저절로 부모의 말을 고분고분 잘 듣고, 그래서 별 어려움 없이 부모 노릇을 잘할 수 있으리라 생각했는데, 그렇지 못한 현실을 마주하게 되는 것이다.

부모들을 만나는 곳 어디에서든 가장 먼저 하는 질문이 있다.

"부모, 할 만하신가요?"

이 질문을 부모교육에서 만난 부모들에게 거의 다 물었으니 아마 수만의 부모들에게 던졌을 것이다. 지금 이 질문을 받으신 여러분은 어떠한가?

'부모, 할 만하신가요?'

1%의 복 받은 부모들이 있기는 하였으나 돌아오는 대답의 99%는 "힘들어요!"였다. 무엇이 힘드냐고 좀 더 구체적인 질문을 던지면 망설이기 시작한다. 부모로서 힘이 들긴 하는데 구체적으로 무엇이 힘든지 선뜻 쉽게 답하지 못한다. 생각할 시간을 조금 더 주고 다시 물으면

"내 맘 같지가 않아요!"

"안 했으면 하는 행동을 백 번 넘게 말해도 계속해요!"

"비 오는데 우산 들고 가랬더니 그냥 맞고 뛰어가요!"

"추운 날씨에 맨발로 학교 가려고 해요!"

"숙제하고 놀자 그러면 꼭 먼저 놀고 숙제한대요!"

"정리한다, 정리한다고 말만 하고, 방을 돼지우리처럼 해놓고 지내요!"

등의 다양한 하소연이 쏟아진다. 하지만 나오는 대답 대부분은 한 방향으로 모인다. 아이가 부모 맘대로 안 된다는 것이다. 부모는 오른쪽으로 가자고 하는데 아이는 왼쪽으로 가겠다 하는 것이다. 부모는 이미 다 경험을 해서 알기에 아이가 먼저 경험한 부모의 말만 따르면 아무 문제가 없을 것 같은데 그것을 따라주지 않아 답답하고 힘이 든다는 것이다.

그럼 우리 아이들은 어떨까? 아이들에게 "엄마, 아빠의 딸, 아들 하기 어때?" 하고 물으면 아이들은 99%가 아닌 100% 모두 힘들다고 한다. 무엇이 힘드냐고 물으면

"마음대로 할 수 있는 게 하나도 없어요!"

"잔소리가 많아요!"

"공부만 하라고 해요!"

"엄마, 아빠만 자기들 마음대로 다해요!"

"엄마, 아빠가 기분이 나쁘면 아무것도 아닌 것에 소리를 질러요!"

등 역시 다양한 하소연이 쏟아진다. 하지만 결론은 본인은 왼쪽으로 가고 싶은데 부모는 오른쪽으로 가라고 하면서 모든 것을 부모 마음대로 한다는 것이다. 부모들이 자신들의 삶을 좌지우지한다는 불만의 소리인 것이다. 학년이 올라갈수록 이러한 불만의 목소리는 더 커진다. 그러다 아이가 더는 받아주기 어렵거나, 자신의 힘이 세졌다고 느끼는 순간 드러내는 여러 모습에 부모는 적잖이 당황하고 혼란스러워한다. 그런데 부모는 부모대로, 아이는 아이대로 본인이 원하는 대로 할 수 있는 게 없다고 하니 참 아이러니한 상황이다.

성룡과 제이든 스미스가 등장하는 영화 〈베스트 키드〉에서 무술지도자인 성룡이 학생을 가르치며 한 유명한 말이 있다.

"나쁜 선생님은 있어도 나쁜 제자는 없다."

선생님은 학생들에게 막대한 영향을 미치는 존재이기에 학생들은 선생님의 행동, 성품, 배움에 이르기까지 여러 측면에서 직접적인 영향을 받는다는 것이다. 하지만 이 말은 부모와 자녀 관계에 더 잘 어울리는 말이라 생각된다. 부모는 부모가 아이를 대할 때 하는 행동이나 말에 아이가 받는 직접적인 영향을 간과할 때가 많다. 예를 들어, 부모는 아이를 잘 가르쳐야 한다는 생각에 소리를 지르고 때론 체벌도 한다. 이 순간 아이는 부모의 분노에 집중하게 되고 혼나는 것에 대한 두려움만 커지게 된다. 아이는 부모의 눈치를 보게 되고, 점점 부모가 내 편이 아닌 두려움과 불편함의 대상으로 여겨지게 된다. 더 심각한 문제는 이러한 과정을 경험하면서 아이도 누군가와의 관계에서 뜻대로 되지 않으면 소리를 지르고 화내는 모습을 보인다는 것이다. 심지어 부모와의 관계에서도 그러한 행동을 보인다. 본인도 모르게 부모의 행동을 따라 하는 것이다.

그리고 부모로서 어떤 역할을 언제 어떻게 해야 하는지를 잘 몰라 어떤 부모는 아이가 원하는 모든 것을 다 들어주어 문제를 키우기도 한다. 또 다른 부모는 부모의 통제와 지시에 무조건 따르기만을 원해 문제를 일으키기도 한다. 아이의 성장 과정에 따라 부모의 역할이 다르게 바뀌어야 하고, 그 비중도 차이가 나야 하는데 말이다.

하지만 부모로서 아무런 준비 없이 부모가 되었으니 부족하고 미숙한 모습을 보이는 것은 어쩌면 당연한 결과라 볼 수 있다. 이렇게 실수하고 넘어지지만, 또 아이를 위해 중심을 잡고 바로 서야 하는 사람도 부모라는 사실을 우리 부모들은 확고히 인지할 필요가 있다.

■ 생각 나누기 ■

부모로서 힘든 점과 아이의 힘든 점 적어보기

부모는 부모대로, 아이는 아이대로 서로 힘들다고 한다. 원하는 것이 다른 만큼 어렵고 힘든 점도 다 다르다. 현재 부모로서 힘든 점은 무엇일까? 아이는 자녀로서 어떤 점을 힘들어하는지에 대해 생각을 나누어 보자.

▶ 부모로서 힘든 점

▶ 자녀로서 힘든 점

세상에 나쁜 아이는 없다.

단지 아이를 나쁘게 만드는 부모의 기준이 있을 뿐이다.

3

변화의 시작은

얼마 있지 않아 곧 중학교 2학년이 될 아들을 둔 어머니가 전화로 상담을 청해왔다. 아이가 말로만 "알았다." 하고 어머니의 말을 잘 따르지 않는다는 것이다. 구체적으로 어떤 부분이 그러한지를 물었다. 간단하게는 '반찬을 골고루 먹지 않고 편식을 한다, 양치를 제때 하지 않는다, 초등학생인 동생에게 양보하지 않는다, 그러면서 왜 동생 편만 드냐고 대든다, 엄마가 결정해놓은 일에 잘 따르지 않는다.' 등의 여러 가지 어려운 점을 토로하였다.

중학교 2학년이 될 아이의 이해하기 힘든 모습에 관한 이야기는 들으면 들을수록 오히려 아이의 마음을 느끼게 했다. 아이는 엄마에게서 존중받지 못하고, 스스로 알아서 무엇인가를 해본 경험이 부족했을 것이다. 상담을 청해온 어머니에게 이 부분을 짚어 드리니 전혀 생각하지 못한 부분이라고 하였다. 그래서 늦었다고 생각하지 말고 시간을 갖고, 아이가 스스로 알아서 해볼 수 있도록 기회를 주는 연습을 해보자고 제안을 하였다. 무슨 말인지도 알겠고 그렇게 해야 한다고 생각도 드는데 자신이 조급해하지 않고 기다릴 수 있을지 자신이 없다고 하였다.

부모와 아이 사이에 문제가 생기면 부모는 부모대로 아이가 먼저 변하길 원하고, 아이는 아이대로 나한테 왜 그러느냐며 부모가 먼저 변하길 원한다. 마치 닭이 먼저냐 달걀이 먼저냐의 싸움을 보는 것 같다.

아이의 나이가 열 살 미만으로 어리다면 보이는 상황이 다르긴 하다. 이때는 부모가 일방적으로 아이를 누를 수 있다. 물론 아이의 기질에 따라 열 살 미만이라 하더라도 부모 마음대로 되지 않는 경우가 있으나, 대부분 일방적인 상황으로 문제는 눌러진다. 문제가 해결되는 것이 아니라 그냥 눌려져 있는 것이다.

이러한 경험이 쌓이고 쌓인 상황에서 아이가 점점 나이가 들면 상황은 조금씩 달라진다. 더는 일방적인 방향으로 문제가 해결되지 않는다. 그러면 부모는 '어~ 이게 아닌데….' 하며 낯선 상황에 당황한다. 아이가 사춘기가 되면 당황스러운 경험을 더 자주 더 강하게 겪을 수밖에 없다. 그러다 부모의 힘으로 아이를 더는 누를 수 없을 때 '내가 누구를 위해 이렇게 살고 있는데….' 하며 본인 삶 자체에 대한 회의로 빠져드는 경우를 많이 겪는다.

부모의 이야기를 들으면 같은 부모 입장에서 고개가 끄덕여지는 부분이 분명 있다. 하지만 아이가 보이는 모습의 원인이 어디에서부터 출발하였는지를 보아야 한다. 아이가 현재 보이는 모습의 원인을 지금 일어난 일에서 찾을 수도 있겠지만, 그보단 더 어릴 때부터 문제가 쌓여온 경우가 많다.

흔히 볼 수 있는 상황을 예로 들어보자. 아침마다 깨워야만 일어나는 아이. 게다가 깨워도 쉽게 일어나지도 않고 오히려 더 시간을 끄는 모습을 보이는 아이가 있다고 가정해보자.

그러면 부모 반응의 대부분은 처음에는 부드럽게 말로 하다가 점점 목소리가 커지고, 더는 말이 통하지 않겠다 싶으면 '학교 가든지 말든지 알아서 해! 다시는 깨우지 않을 거야!' 하며 마음에도 없는 소리를 쏟아내며 협박 아닌 협박을 한다. 아이는 부모가 지금은 다시는 깨우지 않을 것이라 하지만 내일 아침이 되면 또다시 목소리 높여 자신을 깨울 것이라는 사실을 알고 있다.

그러니 자신이 애써서 스스로 일어날 필요를 못 느낀다. 그리고 이러한 악순환은 아이의 행동이 몸에 배는 시기인 유아기 때부터 시작된 것으로 오랜 시간 반복되어 나타나는 모습들이다.

얼마 전 중학교 3학년 아들을 둔 어머니의 긴 하소연을 들었다.

"저와 남편은 한다고 하는데 아이의 행동에 문제가 많습니다. 공부에 소홀함은 말할 것도 없고, 아침에 알람을 맞춰두고도 일어나지 않고, 깨워도 쉽게 일어나지 않아요. 부모 마음에 들지 않는 친구들과 어울리는 문제로 거의 1년을 아들과 갈등을 겪고 있어요. 그러다 보니 아들이 이젠 부모의 말을 아예 들으려고 하지 않습니다."

아이와 잘 지내고 싶고, 아이가 어려운 문제가 있을 땐 부모를 찾을 수 있으면 좋겠다는 바람까지 이야기하면서 어떻게 해야 하느냐를 물어왔다.

그래서 아이가 초등학교, 유치원을 다녔던 시기, 더 어렸을 때는 어떻게 하였는지 물어보았다. 아이가 빨리 잘했으면 좋겠다는 생각에 아이가 하기를 기다리기보다는 대부분 해주었다고 한다.

어릴 때 부모가 해주다 보면 익숙해져서 저절로 알아서 하게 되리라 생각도 했고, 아이도 그때는 별 불만 없이 잘 따랐다는 것이다. 그런데 부모가 보기에 중학교 가서 불량한 친구들은 만나면서부터 아이가 변했다고 했다. 소위 말해 친구를 잘못 사귀어 아이가 변했다는 것이다. 과연 그럴까?

부모는 누구나 좋은 부모가 되기를 꿈꾼다. 그리고 아이에게 어떻게 하면 한 가지라도 더 해줄 수 있을까를 고민한다. 하지만 그 노력도 아이의 나이에 따라 거리를 두어가며 조절해야 하는데 아이가 다섯 살이 되어도, 열 살이 되어도, 열다섯 살이 되어도, 스물이 되어도, 스물다섯 살이 되어도, 서른이 넘어도 관두지를 못하는 경우가 많다. 이러한 행동의 부작용은 부모가 생각하는 것 이상으로 크다.

이제 부모가 변해야 한다. 부모와 아이 사이에서의 변화를 원하면 부모가 먼저 변해야 한다. 아이는 변한 부모를 보고 부모가 변한 만큼 변해줄까를 고민한다. 부모가 변하기 전에 변해주는 아이는 없다. 단지 변한 척할 뿐이다.

아이의 몫은 부족해 보여도 아이가 일상생활의 문제를 스스로 해결할 기회를 주어야 한다. 특히 아이가 열 살이 넘어가고 있다면 부모 삶의 중심에 아이만 두지 말고 부모 자신의 삶에 초점을 맞추어 적절한 거리를 두는 변화를 시작해야 한다. 그래야 아이도 부모의 품에 넘나들기가 쉬워진다.

늘 품에 있다고 해서 좋은 것이 아니다. 아이가 부모의 품에 있어야 할 때 있을 줄 알고, 나가야 할 때 나갈 줄 아는 것이 부모와 아이 서로를 위해 좋은 것이다. 아이의 몫은 아이에게 돌려주는 연습과 변화가 부모에게서 먼저 시작되어야 한다. 아이를 변하게 해줄 방법은 부모가 먼저 변하는 것이다.

■ 생각 나누기 ■

부모로서 내가 변해야 할 부분은?

부모는 아이가 먼저 변해주기를 바라지만 그런 변화는 없다. 그러함에도 불구하고 생활 속에서 아이가 변해주었으면 하는 것은 무엇인가? 그리고 아이의 변화를 위해서 부모인 내가 변해야 하는 것은 무엇이라 생각하는지에 대해 생각을 나누어보자.

▶ 아이가 변해주었으면 하는 것은?

▶ 이유

▶ 부모인 내가 변해야 할 것은?

▶ 이유

부모 자신을 먼저 알아야 아이를 알 수 있다.

부모 자신이 먼저 변해야 아이가 변할 수 있다.

부모 자신을 알지 못하고, 변하지 않으면 어떠한 주도권도 쥘 수 없다.

4

악순환의 고리를 끊자

아이와 부모 자신을 위해 '부모부터 변해보자!'라고 이야기를 하면 반기를 드는 부모들이 꼭 있다. 나는 내 부모에게 받지 못하였는데 왜 나는 이렇게 힘들게 부모 노릇을 하여야 하느냐고 항의 아닌 항의를 하는 것이다.

고등학교 1학년 아들을 둔 어머니가 '왜 나만 그렇게 해야 해요?' 하며 눈물을 보이던 모습은 아직도 생생하다.

"저는 중 · 고등학교 시절에 아버지가 '딸은 공부 안 해도 된다.' 하며 책상도 사주지 않았어요. 그래서 제 용돈을 악착같이 모아 책상을 샀고 잠도 줄여가며 공부를 했습니다. 그렇게 대학까지 공부도 마치고, 남편을 만나 결혼하고 엄마가 되었어요. 제가 부모님에게 제대로 된 지원을 받지 못한 것이 한이 되어 내 아이들에게만큼은 이런 아픔을 겪지 않게 해야겠다는 생각으로 아이가 원하는 것은 아낌없이 해주려 노력했어요. 그런데 아들은 공부에 악착같은 모습을 보이지 않습니다. 그뿐만 아니라 기본적으로 해야 할 것도 제대로 하지 않아요. 그래서 아들에게 하는 모든 지원을 끊고 싶어요."

어머니의 마음을 충분히 이해할 수 있다. 아마 이러한 답답함, 억울함을 느끼는 부모가 많을 것이다. '나는 나의 부모에게 받은 것이 없어도 부모에 대한 원망보다 스스로 이겨내려고 했는데, 이제 부모가 되고 나니 왜 나만 또 힘들어야 하나?' 하는 억울한 마음이 가슴속 저 밑바닥에서부터 올라올 때도 있을 것이다. 그리고 '부모처럼 하지 말아야지!'라고 다짐을 하지만 똑같이 하는 자신을 발견할 때도 있을 것이다. 그러니 누군가는 이 악순환의 고리를 끊어야 한다.

부모의 양육 태도나 아이를 대하는 태도는 그의 부모와의 관계에서부터 내려온다. 아이와의 관계에서 되풀이되는 악순환의 경우도 마찬가지이다. 즉 부모가 자신에게 했던 대로 자신도 아이에게 하고 있다는 것을 느끼게 될 것이다. 특히 부정적인 상황일 때 부모로부터 경험한 부정적인 모습을 되풀이한다. '나는 우리 엄마처럼, 아빠처럼 하지 말아야지!' 했던 그 모습을 아이에게 보이게 된다. 위 사례의 경우도 아버지가 본인을 살펴주지 않은 경험을 의도치 않게 아들에게 대물림하는 모습을 보이는 것이다.

아이를 양육하는 과정에서 자신이 어떤 성장 과정을 거쳤는지는 매우 중요하다. 부모에게 배웠던 그 방식 그대로 아이에게 되풀이할 가능성이 크기 때문이다. 아이를 정확히 보고 대하는 것이 아니라 자신의 그림자를 보고 아이를 대하는 것이다. 결국, 아이는 당황스럽고 억울한 경험을 할 수 있다. 이런 일들이 부모와 아이 관계에서 되풀이되고 대물림되는 것이다.

우리의 부모들이 살아온 세월은 먹고살기에도 바빴다. 그저 먹고살기에 바빴고, 살아가는 세상도 지금과는 너무나 달랐다. 그리고 부모가 어떻게 해야 하는지 들을 기회도 배울 기회도 없었다. 그러니 원망하고 억울한 마음은 접어 두었으면 한다.

반면 우리는 여러 기회를 통해 부모가 어떻게 해야 하는지에 대해 많은 것을 접하고 있다. 그러니 억울해하지 말고 누군가는 끊어야 할 악순환의 고리를 우리가 먼저 끊어보자. 그러면 우리 다음 세대, 그 다음 세대의 아이들은 지금 우리보다 몸도 마음도 생각도 건강하게 행복한 삶을 살아갈 수 있을 것이라 믿는다. 이것은 돈 10억, 100억, 1,000억보다 더 귀한 유산을 아이들에게, 더 나아가 후손들에게 물려주는 것이 될 것이라 확신한다.

■ 생각 나누기 ■

닮고 싶지 않은 부모의 모습은?

나의 부모는 나에게 어떤 부모였나? 성장하는 동안 닮고 싶지 않았던 부모의 모습은 어떤 것이었나? 그리고 나의 아이가 닮지 않았으면 하는 나의 모습에는 어떤 것이 있는지에 대해 생각을 나누어보자.

▶ 닮고 싶지 않은 부모의 모습은?

▶ 아이가 닮지 않았으면 하는 모습은?

▶ 이유

나와 함께 길을 가는 나의 아이야

굳이 고된 나를 택한 나의 아이야

가끔은 가파른 길을 가고 거센 바람이 불어도

함께 가는 만큼 아름다운 우리의 길

손잡고 가보자

우린 결국에 함께 웃으며 '행복하다' 외칠 수 있을 거야.

5

성장에도 순서가 있다

중 · 고등학교에서 부모교육을 하면 자주 받는 질문이 있다.

"아이 방이 방인지 돼지우리인지 분간을 못 하겠어요. 어떻게 하면 될까요?"

"아침에 깨우기가 너무 힘들어요. 왜 아직도 혼자 일어나지 못하는 걸까요?"

"스마트폰을 한 번 잡으면 손에서 놓지를 못해요. 방법이 없을까요?"

"공부를 알아서 하는 모습을 볼 수가 없어요. 해라! 해라! 그래야지만 겨우 하는 척해요."

부모가 보기엔 얼마든지 스스로 알아서 할 나이도 되었고, 할 수 있을 것 같은데 왜 이럴까?

경주에서 부모교육을 할 때 만났던 한 어머니 이야기다.

"선생님, 고등학교 1학년 딸이 있는데요. 고1쯤 되었으면 본인 방 정리정돈 정도는 알아서 하고 다녀야 하는 것이 아닌가요? 그런데 딸의 방은 두 눈 뜨고 볼 수가 없을 정도로 어수선해요. 어떻게 해야 하나요?"라고 하며 눈물과 한숨을 쏟아내었다. 이야기는 간단한 것 같지만 어머니의 눈물과 한숨에서 오랜 시간 이 문제로 딸과 갈등을 겪었음을 느낄 수 있었다.

많이 힘드실 어머니를 위로하며 질문을 하였다.

"아이의 중학교 때까지의 생활은 어떠했어요? 중학교 때까지는 잘했는데 고등학생이 되면서 공부 스트레스 등으로 갑자기 그렇게 되었나요? 아니면 쭉 그렇게 생활을 하였나요?"

어머니에게서 돌아오는 대답은 예상을 빗나가지 않았다.

"물론 중학교 때까지는 제가 다 해주었어요. 하지만 해줄 만큼 해준 것 같기도 하고 이제 고등학생이 되었으니 이 정도는 스스로 할 수 있어야 하는 것 아닌가요?"

그래서 다시 어머니에게 질문하였다.

"그럼 좀 더 어린 시절로 돌아가서 아이가 어린이집이나 유치원을 다닐 때는 어떠했나요?"

"제 성격상 아이가 뭔가 어설프게 하는 것이나, 힘들게 하는 것을 봐주기가 어려워 거의 다 해주었던 것 같아요. 그래야 엄마도 아이도 편하니까요. 그리고 시간도 아깝지 않고, 제가 두 번 일로 고생할 필요도 없으니까요."

"예를 들자면 어떤 것들을 다 해주셨나요?"

"간단하게는 밥 먹다 흘릴까 봐 밥 먹는 것, 물 마시는 것, 옷 입는 것 등 아주 기본적인 것들부터 다 해주었던 것 같아요. 밥 흘려서 치우는 것보다는 처음부터 깔끔하게 먹여주는 것이 시간적으로도 그렇고 덜 힘드니까요. 그리고 장난감 정리도 아이가 하면 이게 정리인지 더 어질러놓은 것인지 구분이 안 되어 다 해주었어요. 그런 상황이 중학생 때까지 계속되었던 것 같아요. 하지만 이제 고등학생이니 본인 방을 어떻게 해놓고 다녀야 하는지의 분별력은 있잖아요. 그런데 어떻게 나아지기는커녕

가면 갈수록 더 엉망이 되어갈까요? 방법이 없을까요?"

중 · 고등학생이 된 아이들이 '돼지우리'라고 표현될 만큼 어질러져 있는 자신의 방을 보고 아무 생각이 없을까? 아니다. 그 방을 보고 '아! 방이 너무 더럽네.'라고 분명 머리로는 생각할 것이다. 그리고 '지금 치우자.'라고 마음도 먹을 것이다. 여기까지는 대부분 아이가 다 한다. 그러나 그다음 단계로 자신의 몸을 일으켜서 방을 치워야 하는데 몸이 말을 듣지 않는다. 머리로 생각도 하고, 마음도 먹어보지만 정작 움직여주어야 하는 몸이 말을 듣지 않는 것이다. 이게 우리 아이들의 발목을 잡는 아주 큰 문제이다.

태어나서부터 성인이 될 때까지 아이를 바라보는 부모의 머릿속에는 아이의 공부와 미래에 대한 걱정으로 가득 차 있다. '내가 못 했으니 너는 잘했으면 한다. 아니 잘해야 한다.'라는 생각으로 아이를 몰아붙인다. 이 과정에서 부모는 부모대로 힘들고, 아이는 아이대로 놓치는 것이 많다.

그럼 아이가 성장하는 보통의 과정을 한번 살펴보자. 지금 하고자 하는 이야기는 필자의 일방적 주장이 아니라 유치원을 비롯해 초 · 중 · 고등학교 등에서 만났던 부모들의 이야기이다. 물론 이 이야기에 전적으로 동의하기는 어려울 수도 있으나, 대부분 아이가 겪는 과정일 것이다.

대한민국 아이들은 태어난 지 약 6개월 정도만 되면 부모와 같이 가는 곳이 있다. 아마 다 생각날 것이다. 바로 문화센터이다. 처음 갈 때 부모는 아이에게 분명 심심하니 놀러 가자고 했을 것이다. 하지만 아이가 문화센터에 입장하는 순간 부모의 마음은 달라진다.

그 순간 부모의 눈에는 내 아이가 아닌 다른 아이가 들어온다. 어떤 아이가 들어올까? 내 아이보다 더 크고, 더 잘 기어 다니고, 더 잘 서고, 더 빠르고, 더 잘 먹는 아이가 보이기 시작한다. 집에 온 아이는 그날부터 부모와 함께 하는 특훈을 받기 시작한다. '아가야, 여기까지 와봐. 그러면 엄마가 아빠가 과자 줄게!' 하면서.

이렇게 시작된 교육은 놀이를 가장한 교구 수업으로 이어진다. 이 역시 처음 시작은 아이가 가만히 있으면 심심하니 재미나게 해주기 위해서라고 한다. 하지만 이 역시 부모의 의도는 다른 곳에 있다. 그리고 서너 살이 되면 아이들 대부분은 원하든 원하지 않든 아이들의 욕구와 상관없이 한글 선생님, 수학 선생님, 심지어 영어 선생님들을 만난다. 아이들은 처음에는 당연히 재미있어 한다. 하지만 많은 경우 아이들은 하기 싫어도 해야만 하는 상황을 만난다. 부모는 조급한 마음에 더 시키고, 아이들은 본격적으로 '배움'을 경험해보기도 전에 쓰디쓴 배움의 맛을 보게 되는 것이다.

여섯 살 정도가 되면 태권도 도장, 피아노 학원을 필두로 해서 발레 학원, 미술 학원 등이 아이들에게 또 하나의 숙제로 주어진다. 아이는 자기와 맞지 않아도 가야 한다. 부모의 불안을 잠재우기 위해서라도 아이는 가야 한다. 그리고 초등학교에 들어가면 부모가 짜 놓은 일정대로 아이는 움직여야 한다. 이렇게 아이들은 태어나서부터 부모가 짜놓은 틀에 맞춰져 움직인다. 그럼 부모들은 왜 이렇게 하는 것일까?

아이들의 미래를 걱정해서 그럴 것이다. 미래가 걱정되니 아이의 시간 대부분은 머리를 키우는 공부나 교육에 몰두하게 되는 것이다.

중 · 고등학생이 되면 학업 일정으로만 짜인 일상은 더 심각해진다. 그렇다면 대학생이 되고 나면 달라질까? 물론 큰 틀에서 보자면 달라진 듯 보인다. 하지만 자세히 들여다보면 크게 다르지 않다.

대학생들의 가장 큰 고민은 '자신이 어디를 향해 어디로 가고 있는지 모른 채 가고 있다.'라는 것이다. 이 문제는 어떤 대학을 다니느냐에 따라 다르지 않다. 그러다 보니 손쉽게 부모의 손을 잡는다. 부모가 정해주는 대로 자신의 미래 방향을 정하는 경향이 많다. '정보는 엄마가 다 알아올게. 너는 도서관 가서 공부나 열심히 해!'라는 웃지 못할 이야기도 많이 듣는다.

이런 경우 누가 원하는 정보를 알아올까? 아이를 위하는 마음이라지만 결국 부모가 선호하는 정보를 아이에게 전하게 될 것이다. 이렇게 아이들은 공부만 잘할 수 있고, 취직만 잘할 수 있다면 모든 것을 부모가 짜 놓은 순서대로 성장하고 살아간다. 이렇게 성장하는 건 부모들과 아이들의 삶에 과연 어떤 영향을 미칠까?

아이가 잘 성장하려면 맞는 순서를 거쳐야 한다. 우리가 계단을 오를 때도 한 계단 한 계단 올라야 오랫동안 잘 올라갈 수 있듯이 아이도 각 단계를 밟아 성장하여야 한다. 그러나 마음이 조급한 부모는 아이에게 눈앞에 보이는 계단들은 언제든 쉽게 올라갈 수 있으니 저 멀리 10계단, 20계단을 훌쩍 뛰어넘으라 한다. 당연히 아이가 힘에 부치니 부모가 번쩍 들어 10계단, 20계단 위에 올려놓기도 한다.

이렇게 아이가 잘 성장할 힘을 다 빼앗아버리면서 왜 잘 성장하지 못했냐고 아이에게 그 책임을 돌리는 모양새이다. 부모의 삶도 아이의 삶도 힘겨워지는 것이다.

아이가 자신의 나이에 맞게 잘 성장하려면 먼저 몸을 많이 써야 하고, 그다음 마음을 갖추어야 하고, 그리고 머리에 필요한 것을 넣어야 한다. 신체 발달에 신경을 써야 할 때도 머리에만, 마음을 발달시켜야 할 때도 머리에만 집중하다 보니 문제가 커지는 것이다.

그리고 정작 머리에 집중해야 할 시기에 오히려 집중을 못 해 갈등의 골이 깊어지는 경우가 많다. 지금 우리 아이들은 머리에 필요한 것을 넣기 위해 몸도 마음도 상실한 채 머리만 채우며 성장하고 있다. 그러다 보니 아이도 부모도 어려움을 겪는 것이다.

■ 생각 나누기 ■

아이의 몸, 마음, 머리 중 아이 뜻대로 되지 않는 것은?

저 정도는 다 할 수 있을 것 같은데 뜻대로 하지 않는 아이를 보고 있자면 답답할 때가 많다. 아이가 알고 있고 마음도 있는데 뜻대로 되지 않는 것은 무엇인지에 대해 생각을 나누어보자.

▶ 아이가 부모 뜻대로 되지 않는 것은?

▶ 이유

아이는 자신을 가꿀 수 있는 씨앗을 갖고 태어난다.

그러니 마음껏 움직여 고유한 자신을 찾아야 한다.

그러니 부모는 아이에게 함부로 손대지 말아야 한다.

6

타이밍이 중요해요

부모교육이나 상담실을 찾아오는 부모들과 어려운 점을 나누다 보면 양육에 있어 타이밍이 중요하다는 사실을 새삼 느끼게 된다. 성장에 순서가 중요하듯이 양육에 있어 타이밍이 중요하다.

아이들이 목이 말라 물을 먹어야 하는 상황을 상상해보자. 아이의 나이에 따라 물을 마시는 방법도 도구도 다 달라야 한다. 젖병을 이용해 부모가 먹여주다가, 빨대 컵을 이용해 스스로 들고 먹다가, 부모의 도움을 받으며 일반 컵에 먹다가, 일반 컵을 이용해 스스로 먹다가, 급기야 목이 마르면 자신이 직접 가서 자신이 원하는 컵을 이용해 물을 마실 수 있게 된다. 지금 우리 집의 아이는 목이 마를 때 어떤 방법으로 물을 마시고 있는가? 아이가 일반 컵을 이용해 직접 가서 스스로 마실 수 있는 나이임에도 불구하고 물이 담긴 컵을 아이에게 가져다주거나, 들고 먹여주고 있는 것은 아닌가? 물 한 잔 마시는 일인데 뭘 그리 큰 의미를 두냐고 반문할 수 있다. 하지만 아이들은 이 사소하고 작은 행동 하나로 평생 갖추어야 할 모습을 갖추지 못할 수도 있다. 내 아이가 젖병에 물을 마셔야 할 때인지, 빨대 컵으로 물을 마셔야 할 때인지, 도움 없이 스스로 물을 마셔야 할 때인지를 부모도 아이도 잘 분별하여 시기에 맞는 방법으로 할 수 있도록 해야 할 것이다.

이렇게 양육의 큰 틀에서 타이밍도 중요하지만, 일상에서의 타이밍 역시 중요하다. 가장 흔히 많이 볼 수 있는 경우가 훈육과 칭찬의 타이밍이다. 부모의 기분에 따라, 부모의 상황에 따라, 주변 환경에 따라 타이밍을 놓칠 때가 많다.

예를 들어, 아이가 친구와 놀다 재미있게 가지고 노는 친구의 장난감을 빼앗는 모습을 보았다고 한다면 어떻게 하여야 할까? 그 자리에서 아이에게 친구가 재미있게 가지고 노는 장난감을 빼앗는 행동은 하지 말아야 한다고 제대로 알려주어야 한다. 큰소리로 혼을 내라는 것이 아니라 단호한 말로 제대로 알려주어야 한다는 것이다. 그런데 그때 부모도 친구와 이야기를 하는 중이라면 대체로 '그러지 마!' 또는 '왜 그래?' 등 한마디만 하고 넘긴다. 그러면 아이는 친구에게 한 자신의 행동에 대해 생각해볼 기회를 잃게 되는 것이다. 타이밍을 놓치면 다음에도 듣지 않는다. 부모가 잊어버린다는 것을 알고, 아이들은 바로 들을 필요가 없어진다. 그래서 똑같은 행동을 반복할 가능성이 크다. 그리고 더 큰 문제는 그 순간이 다 지나간 다음, 부모가 아이에게 그 상황에 관한 이야기를 하면 아이는 '왜 지금 나에게 이런 소리를 하지?'라고 의아해한다. 그러면서 자신이 한 행동의 잘못은 온데간데없어지고, 타이밍을 맞춰 이야기하지 못한 부모를 이상하다고 생각하는 방향으로 흘러간다. 결국, 부모의 권위만 더 떨구는 결과를 초래하게 된다.

훈육뿐만 아니라 칭찬의 타이밍도 중요하다. 예를 들어 부모가 외출하고 돌아왔는데 아이가 설거지를 깨끗이 해두었다. 그리고 부모에게 '엄마, 아빠, 저 설거지 했어요!'라며 자랑을 한다. 그런데 밖에서 돌아온 부모가 아이에게 적절한 반응을 하지 않는다면 다음번에 어떤 일이 벌어질까? 아마 모르긴 몰라도 그다음부터 아이가 설거지를 솔선수범해서 해놓는 경우는 보기 힘들어질 것이다. 그런데 부모님들에게서 칭찬할 일이 별로 없다는 이야기를 종종 듣는다. 칭찬할 모습이 보이지 않으면 처음에는 칭찬할 거리를 발굴이라도 하자. 그렇게 하다 보면 칭찬 거리가 눈에 잘 띄게 될 것이다.

이렇듯 아이를 대하는 데 있어 타이밍은 매우 중요하다. 아무리 사소한 것이라도 부모가 늘 준비가 되어 있어야 한다. 그래서 '지금, 즉시' 반응을 보여주는 것이 아이들의 행동을 변화시키고, 동기를 부여하는 데 큰 역할을 한다.

고등학생 아들과 중학생 딸을 둔 40대 후반 아버지의 눈물을 보았다. 하고 싶은 말은 많은데 어떻게 해야 할지 모르겠다며 연신 한숨을 내쉬더니 눈물을 보였다. 한참을 그렇게 있다 이야기를 시작했다.

"아내도 아이들도 저와 대화가 없고, 함께 시간을 보내려 하지 않습니다. 너무 외로워 아무것도 하고 싶지 않고, 직장도 휴직할까 생각 중이에요. 지금까지 남편으로 아빠로 정말 열심히 살았습니다. 그런데 어쩌다 이렇게 되었는지 모르겠어요. 특히 고등학생인 아들이 저를 멀리할 때 가장 힘들고 섭섭합니다. '내가 가족을 부양하느라 어떻게 했는데….'라는 생각이 들면서 삶이 너무 허무합니다."

수많은 아버지가 이 이야기에 공감하리라 생각된다. 고생한 시간이 허무하고, 앞으로 무엇을 위해 살아야 하지 하는 마음도 들 것이다. 가족들이 한창 자신을 찾던 시기에 비록 가족들과 함께하지 못했지만, 아빠가 가족들을 위해 그렇게 할 수밖에 없는 상황을 이해하리라 생각할 것이다. 하지만 부모들에게 이야기하고 싶다. 아이들은 성장하며 자신이 부모와 같이하고 싶은 그때 부모가 같이해주지 않으면 머리로는 알지만, 마음으로 몸으로 부모를 받아들이기가 어렵다. 부모가 자신들을 위해 얼마나 많이 희생하고, 자신들을 사랑하는지를 머리로 이해하는 것과 마음으로 받아들이고 몸으로 가까이 다가가는 것에는 차이가 있다.

오죽하면 머리와 마음의 거리가 가장 멀다는 말이 있을까? 그리고 그 이상으로 마음과 몸의 거리 차도 크다. 아이들에게 '사랑한다.'라고 말을 해야 할 그때 사랑한다고 말하자. 아이들과 함께 놀아주어야 할 때 놀아주자. 아이들이 친구와 다퉈 힘들어할 때 아이의 이야기를 들어주자. 그래야 아이들은 부모의 사랑과 관심을 느낄 수 있다.

상담 오신 아버님께 가장 먼저 권해드린 것은 아이들에게 사과의 마음을 전하시라는 것이었다. 아이들이 아빠와 함께 하고 싶어 했던 시절, 함께 하지 못한 것에 대한 사과 말이다. 아버님은 처음에는 억울하다는 심경을 토로하셨지만, 조금의 시간을 가진 뒤 사과를 먼저 해보겠다고 하였다.

물론 아직 본인이 원하는 만큼 아이들과의 관계가 호전되지는 못했다. 하지만 아버지는 계속 이야기하고, 시간이 될 때마다 특히 가족들이 원할 때마다 다른 핑계 대지 않고 같이하는 길을 선택해서 지내고 있다. 부디 그 가족들도 아버지의 마음을 받아주는 데도 타이밍이 있다는 것을 알았으면 좋겠다. 그래서 한쪽에서 일방적으로 노력하는 것이 아니라 같이 서로의 마음을 보듬어주길 기대해본다.

이렇듯 부모가 아이와 함께하는 시간에도 타이밍이 있다. 그 타이밍을 놓쳐버리면 아이와의 관계에 큰 구멍이 생긴다. 할 수 있을 때 '사랑해, 고마워, 미안해.', '오늘은 어땠어?', '아빠, 엄마와 하고 싶은 게 뭐야?' 등을 말하고 사랑과 관심을 표해야 한다. 그러면 아이들도 부모가 자신들을 필요로 하는 그때 부모의 곁으로 와줄 것이다. 그리고 부모의 말에 귀도 기울여주고, 부모의 마음도 알아주며, 부모에게 관심과 사랑을 표할 것이다.

■ 생각 나누기 ■

아이와 타이밍을 맞추기 어려운 것은?

아이가 부모와 함께하기를 원할 때마다 함께하기란 쉽지 않다. 그렇다고 함께하지 않아도 되는 것은 아니다. 아이가 함께하기를 원하지만 함께하기 힘든 것에 대해 생각을 나누어보자.

▶ 타이밍 맞추기 어려운 것은?

아이와 함께 나눌 시간을 만드세요.

아이와 함께 나눌 기회를 만드세요.

무엇보다 최우선으로 여기세요.

무엇이든 상관없어요.

아이가 다 자란 후 부모가 아이와 함께할 시간을, 기회를 만들면

아이에게는 그럴 여유도, 마음도 없습니다.

7

우리 아이들이 살아갈 세상은

요즘 학교의 모습을 이야기할 때 19세기 교실에서 20세기 선생님들이 21세기 아이들을 만나고 있다고 한다. 그만큼 아이들의 변화에 민감하지 못하고, 이해하지 못하는 현실이 학교 교실에서 일어나고 있다는 것이다.

그러면 우리의 가정은 어떠한가? 학교에서 벌어지는 모습과 별반 다르지 않다. '라떼는 말이야.' 하며 '라떼 부모'라는 단어가 통용되는 실정이다. 그만큼 부모들이 세상의 변화와 아이들의 변화에 민감하지 못하고 받아들이지 못하고 있다. 그럴 뿐만 아니라, 더 나아가 부모가 경험한 것을 아이가 따르기를 바란다. 그러면서 자신이 부모에게 들었던 '부모 말을 들으면 자다가도 떡이 생긴다.'라는 말을 아이들에게 여전히 되풀이하고 있다. 과연 그럴까? 지금의 아이들이 부모 말만 잘 들으면 자다가도 떡이 생길까? 이 믿음이 앞서 여러 사례에서 본 부모의 판단과 결정으로 명령하고 지시하고, 때로는 다 해주기도 하는 것을 합리화시킬 수 있을까?

부모교육에서 부모들에게 '아이들이 부모 말을 잘 들으면 자다가도 떡이 생긴다.'라고 생각하는지를 물으면 많은 수의 부모들이 '그렇지 않다.'라고 말한다. 그렇지 않은 것을 알면서도 자신도 모르는 사이에 아이에게 자신이 배우고 경험한 대로 하기를 강요하게 된다는 것이다. 그 마음의 밑바닥에는 세상 변화에 대한 막연한 불안과 내 아이만은 잘되었으면 하는 기대가 혼재되어 있을 것이다. 하지만 막연한 불안과 기대만을 가지고 부모가 알려주는 대로 부모가 원하는 대로 아이가 해주기를 바라다 나중에 '엄마 아빠 때문이야!'라는 말을 아이에게서 가장 많이 듣지 않을까 싶다.

부모들이 살아온 세상과 우리 아이들이 살아갈 세상은 어떻게 다른 것일까? 이 세상의 변화를 조정과 래프팅이라는 두 스포츠 경기로 비교해 보고자 한다.

조정은 '콕스'라는 리더의 역할이 모든 것을 좌우한다고 해도 과언이 아닐 만큼 리더의 역할이 중요하다. 리더인 '콕스'만 세상을 바라보는 위치에 있으며, 팀원들은 세상을 등지고 리더만을 바라본다. 즉 세상을 현명하게 잘 판단할 리더가 중요한 자리를 차지하는 것이고, 팀원들은 리더의 판단에 따른 구호와 명령에 맞추어 성실히, 열심히 힘을 합쳐 노를 저으면 된다. 그러니 팀원들은 각자 무엇인가를 판단하고, 그 판단에 따라 행동하기보다는 리더의 명령을 잘 따르는 모습이 필요하다. 이 모습이 부모들이 살아온 세상의 모습이라 말할 수 있다. 그래서 부모 세대는 집에서는 부모 말씀에, 학교에서는 선생님 말씀에, 또 다른 집단에서는 장의 말에 잘 따르기를 강요받았고, 잘 따를수록 살아가는 데 별 지장 없이 잘 살았다. 즉 부모 말 잘 들으면 자다가도 떡이 생기는 경험을 하며 산 것이다. 그리고 조정 경기의 환경은 물살이나 바람의 변화가 그리 심하지 않다. 즉 부모들이 살아온 세상 변화의 속도는 지금에 비하면 그다지 빠르지 않았다는 것이다. 그만큼 예측이 가능한 환경이었다.

하지만 아이들이 살아갈 세상은 부모들이 살아온 세상의 모습과는 완전히 다르다. 조정이 아닌 래프팅의 환경이라 할 수 있다. 래프팅도 리더와 팀원들이 있는 것은 같다. 하지만 래프팅의 환경은 조정에 비하면 변화가 심하다. 언제 급류를 만날지, 바위를 만날지, 절벽을 만날지 예측이 어렵다. 그러다 보니 리더 한 사람만이 세상을 판단하고 그 판단에 따라 팀원들에게 명령을 내리면 '이미 늦었다'고 볼 수 있다. 즉 리더를 포함한 팀원들이 각자의 자리에서 각자가 처한 상황을 판단하고 그 판단에 따라 각자의 역할을 하면서 다른 팀원들과 소통하고 협력해나가야 그 배가 뒤집히지 않고 잘 나아갈 수 있다. 그만큼 리더의 판단이나 명령에만 의존하면 안 된다. 이것이 아이들이 살아가야 할 세상이다. 빠른 세상의 변화에 스스로 판단하고 그 판단에 따라 행동하고, 그러면서 다른 사람들과 소통하고 협력해나가는 모습까지 갖추어야만 살아갈 수 있는 세상이다.

그런데 여전히 부모 말만 잘 들으면 자다가도 떡이 생긴다는 생각으로 아이가 스스로 갖추어야 할 모습을 방해하고 있는 것은 아닌가 돌아보아야 한다. 그리고 무엇보다도 세상의 변화를 아이보다 부모가 더 잘 받아들이고 있는지 생각해보아야 한다. 아마 힘들 것이다. 그러니 하루라도 빨리 아이의 몫은 아이에게 돌려주는 것이 맞다. 그래야 아이가 자신의 두 발로 자리를 잡고 우뚝 서서 자신의 몫을 찾아갈 수 있다. 물론 이 과정 중에 수많은 시행착오를 겪기도 할 것이다. 하지만 이 시행착오 역시 아이의 몫임을 인정하고, 아이가 잘 헤쳐나갈 수 있도록 기다려주는 것이 필요하다. 부모는 아이가 부모에게 도움을 청할 때 기꺼이 손잡아줄 수 있는 준비를 하고 있으면 된다. 그러면 아이는 빠른 변화에 적응하며 자신의 세상을 구축해나가게 될 것이다.

그리고 또 하나의 큰 변화는 4차 산업혁명의 한가운데 있다는 것이다.

2016년 프로 바둑 기사인 이세돌과 알파고의 바둑 대국으로 생소한 모습을 보이며 등장한 4차 산업혁명 시대는 이제 우리의 삶 속으로 성큼 다가왔다. 초연결과 초지능을 기반으로 모든 것이 서로 연결되고 고도로 지능화되었음을 보여주었다. 대국을 보는 동안 인공 지능을 탑재한 로봇에게 모든 일자리를 빼앗길 것만 같은 불안감이 엄습했다. 지금도 이 불안으로부터 자유롭지는 않다. 하지만 세상의 이러한 변화는 거부한다고 해서 되는 것이 아니다. 결국, 세상의 변화를 거스를 것이 아니라 받아들여야 한다. 그런데 어디서부터 어떻게 받아들여야 하는지를 부모들이 아이들보다 더 잘 모르고 불안해서 더 과거의 방식을 고수하려 하는지도 모르겠다.

부모들은 아이들이 스마트폰이나 컴퓨터를 가까이하는 모습만 보아도 불안해하고, 가능하면 아이들의 손에서 떼놓으려 한다. 하지만 우리의 생활은 이미 많은 부분이 디지털 미디어 세상 속에서 이루어지고 있다. 스마트폰 하나만 있으면 은행 거래, 쇼핑, 예약, 공부, 자료 수집 등 생활 전반의 모든 것들이 이루어진다. 아이들 역시 스마트폰 하나만 있으면 필요한 정보 찾기를 비롯해 모든 학습이 가능하다. 그런데 부모들은 아이들이 스마트폰을 손에 쥐기만 하면 불안해하고, 통제하려 한다. 하지만 지금은 물론이거니와 우리 아이들이 살아갈 세상에서는 누가 더 디지털 기기를 잘 활용하느냐에 따라 많은 것이 달라질 것이다. 문자를 읽고 쓰고 이해하는 능력을 문해력이라 한다. 단순히 읽고 쓰는 능력을 말하는 것이 아니라 문장을 이해, 평가, 사용함으로써 사회 활동에 참여하고 목표를 달성하고 자신의 잠재력을 발전시키는 능력을 말한다. 문해력은 모든 학습 행위의 바탕을 이루는 필수 능력이다. 거기다 이제는 디지털 문해력을 요구하는 시대이다. 단순히 디지털 도구를 잘 사용하는 것에 그치는 것이 아니라, 디지털 콘텐츠에 대해 이해하고 다룰 줄 아는 활용 능력, 디지털 기술과 미디어에 비판적으로 접근하는 것을 요구하는 시대인 것이다.

따라서 디지털 미디어 세상에서는 디지털 기기의 기능을 단순히 익히는 것을 넘어 삶과 연결할 수 있는 총체적인 역량이 필요하다. 그리고 학교를 비롯한 교육 현장에서의 디지털화도 이미 거스를 수 없는 변화이다. 결국, 디지털 환경을 잘 활용해서 아이들은 역량을 키워나가야 한다. 디지털 기기의 역기능에 초점을 맞출 것이 아니라 디지털 기기를 통한 변화된 패러다임을 받아들여야 한다. 그만큼 스마트폰을 비롯한 디지털 기기를 바라보는 시각에 대한 변화가 필요한 것이다. 그렇다고 해서 스마트폰이나 컴퓨터를 무분별하게 사용해도 된다는 것은 아니다. 스마트폰이나 컴퓨터는 그 자체가 문제가 아니라 아이들이 스스로 조절하며 사용할 수 있도록 하는 조절력의 문제이다.

■ 생각 나누기 ■

아이들이 살아갈 세상은 어떻게 변할까?

부모들이 살아온 세상과 아이들이 살아갈 세상은 다르다. 그럼 아이들이 살아갈 세상은 어떻게 변할까? 그리고 변화한 세상을 살아가기 위해 아이들에게 필요한 역량은 무엇일지에 대해 생각을 나누어보자.

▶ 아이들이 살아갈 세상 변화는?

▶ 이유

▶ 아이에게 필요한 역량은?

▶ 이유

길은 걸어가는 사람의 것이다.

길은 개척하는 사람의 것이다.

길은 불안을 뒤로하고 한 걸음 한 걸음 나아가는 사람의 것이다.

간절한 마음으로 가다 보면 내가 원하는 길을 만날 것이다.

아이들에 대하여

당신의 아이들은 당신의 것이 아닙니다.

그들은 생명 그 자체의 딸과 아들입니다.

그들은 당신을 통해 왔으나 당신으로부터 온 것은 아닙니다.

그들이 당신과 함께 있지만 당신의 소유는 아닙니다.

그들에게 당신의 사랑은 주어도 당신의 생각을 주지는 마십시오.

그들에겐 그들 자신의 생각이 있기 때문입니다.

(중략)

당신이 그들처럼 되려고 노력은 하여도,

그들을 당신처럼 만들려고 하지는 마십시오.

–

칼릴 지브란 「예언자」 중에서

슬기로운 부모생활

우리는 삶을 살아가면서 다양한 역할을 경험한다. 어떤 역할이 더 좋고 나쁘다든가, 어떤 역할이 더 소중하고 덜 소중하다고 말하기는 어렵다. 각자의 선택에 따라 각자에게 부여된 역할을 충실히 해나가는 것이다. 하지만 여러 역할 중 부모의 역할은 어떤 역할보다 소중하고 중요하다는 것에 반문할 사람은 없을 것이다. 소중하고 중요한 만큼 부모 역할은 어렵다. 불안하고 두려울 때도 많다. 아이가 매일매일 성장하고 변하기 때문이다. 그런데 부모는 아이가 성장하고 변해도 그저 품 안의 자식으로 생각하고 늘 똑같이 대하는 경우가 많다. 그러다 아이가 성장하면서 아이와의 관계에서 어려움이 생기고, 아이의 이해할 수 없는 행동이 보이면 그때야 비로소 무엇이 문제인지 들여다본다. 그래서 부모는 무엇보다 자녀의 발달 단계와 부모 역할에 대해 반드시 이해할 필요가 있다. 아이와 부모 자신에 대해 알지 못한 채 깜깜한 터널 속을 무조건 달릴 것이 아니라, 아이의 발달 단계에 따라 부모에게 주어진 중요한 역할을 알고, 아이와 함께 성장하고 변화하는 것이 필요하다.

2장

부모가 온 세상인 영아기

영아기는 보통 출생 후 24개월까지를 말하는 것으로, 인간의 일생에 있어 가장 중요한 시기라 볼 수 있다. 이렇게 어린 나이에 무엇을 알긴 알까? 하고 대수롭지 않게 여길 수도 있으나 이 시기의 경험은 무의식에 내재되어 한 사람의 평생을 좌우할 수 있다. 그리고 사춘기와 더불어 신체적 발달이 가장 급속도로 이루어지는 시기이다.

옹알이를 시작으로 다른 사람과의 의사소통이 가능할 만큼 언어 능력도 발달한다. 그리고 인지 발달과 사회정서 발달도 활발히 이루어지는 시기이다. 무엇보다 아이가 부모의 사랑 안에서 이 세상은 살아갈 만한 곳이라고 느낄 수 있도록 하는 것이 필요한 시기이다. 이 시기에 부모는 '보호자' 역할을 해야 한다. 부모의 품 안에서 아이가 충분히 보호받고, 사랑받고, 긍정적인 경험을 많이 할 수 있어야 하는 시기이다.

슬기로운 부모생활

1

아이도 한 살, 부모도 한 살

갓 돌이 지난 딸을 둔 엄마가 찾아왔다. 주변에 또래 아이를 둔 엄마들을 보면 능숙하게 아이를 대하는데 자신은 그렇지 못한 것 같아 아이에게 미안하다고 하였다. 때로는 엄마로서 자격이 없는 것 같아 포기하고 싶은 마음이 들 때도 있지만 그럴 수도 없으니 어떻게 해야 할지 모르겠다며 눈시울이 붉어졌다. 무엇이 본인을 그렇게 힘들게 하는지 들어보았다.

"결혼하고 신혼을 즐길 겨를도 없이 바로 임신이 되었어요. '어떻게 하지?' 하는 두려움도 있었지만 소중한 아이가 우리에게 온 것에 감사했어요. 입덧으로 힘들었던 시기도 있었으나 아이를 위해 안 듣던 모차르트 음악도 듣고 책도 많이 읽었어요. 아이에게 도움이 될까 해서 영어 원서도 읽었어요. 정말 태교를 열심히 했습니다. 그렇게 열 달이 지나고 소중한 딸을 만났어요."

임신 기간을 회상하는 어머니의 얼굴엔 잔잔한 미소가 번졌다. 무엇보다 아이를 위해 태교를 한 이야기를 할 때는 뿌듯해하기도 하였다.

"그렇게 딸을 만나고 부모가 되었습니다. 몸조리하는 두 달 동안에는 조리원에도 있었고, 그 이후로는 친정어머니의 도움으로 그리 힘들지 않았어요. 두 달 동안의 몸조리 이후 친정어머니가 집으로 돌아간 그날, 아니 그 순간 '이제 어떻게 하지?' 하는 생각과 함께 너무 두려웠어요. 기쁠 때도 있었지만 그 두려움은 현실이었습니다."

구체적으로 어떤 것이 두려웠는지를 물어보았다.

"친정어머니가 집으로 돌아간 이후 딸은 밤낮을 가리지 않고 울었어요. 제가 안아주는 자세가 불편해서 그런지 안아줘도 눕혀도 울었어요. 그러다 안고 흔들어야만 잠을 잤습니다. 조심해서 내려놓으면 여지없이 울었어요. 우는 모습을 보는 게 더 힘들어 늘 안고 있다 보니, 어깨나 손목 등이 너무 아팠습니다. 아파도 딸을 혼자 둘 수도 없고, 몸을 쉴 수도 없으니 하루하루가 너무 힘들었어요. 물론 저녁에 남편이 퇴근하고 딸을 돌봐주며 도와주기도 하였지만 밀린 집안일을 하느라 쉴 틈은 없었어요. 그러다 보니 하루만이라도 실컷 자면 소원이 없겠다 싶고, 벗어날 수만 있으면 벗어나고 싶다는 생각도 들었습니다."

이야기하는 어머니의 표정과 목소리에서 고단함을 느낄 수 있었다.

"하지만 저를 더 힘들게 했던 것은 이러지도 저러지도 못하는 이 상황을 벗어나고 싶다는 생각이 들 때마다 딸에게 드는 미안함이에요. 아이를 이 세상에 오게 한 엄마인데, 부모인데 어떻게 이럴 수 있을까 하는 생각이 들었어요. 하지만 이런 생각은 딸이 돌이 지나도록 완전히 없어지지 않아요. 도대체 저는 왜 이럴까요? 전 엄마 자격이 없는 건가요?"

부모 대부분은 아이를 낳고 처음 품에 안았을 때의 감격을 잊을 수 없다. 그리고 아이를 품에 안고 누구보다 좋은 부모가 되겠노라고 다짐을 한다. 아이에게 줄 수 있는 무한한 사랑을 주고, 원하는 것은 무엇이든 할 수 있게 해주며, 최고가 될 수 있도록 해주겠다는 약속 아닌 약속을 한다. 하지만 이 다짐과 약속은 아이가 밤잠을 자지 않고 계속 울어대기를 3일만 하면 희미해진다. 그러다 아이가 방긋방긋 웃거나 새근새근 잠자는 모습을 보이면 또다시 다짐과 약속을 한다. 하룻밤에 만리장성을 쌓았다 무너뜨리기를 여러 번 하듯이 부모의 마음은 오락가락한다.

이렇듯 오락가락하는 마음으로 힘든 이유는 준비 없이 아이가 탄생한 날 부모도 태어났기 때문이다. 이제 막 태어난 아이가 한 살이면, 부모도 한 살이다. 아이가 태어나서 건강하게 잘 자라기 위해 엄마 젖을 먹는 것과 같이 부모도 부모로서의 양식을 먹어야 하고 걸음마도 배우고 말도 배워야 한다. 하지만 부모가 되는 순간부터 전지전능하게 아이를 잘 보살피며 최고의 부모가 될 수 있으리라 생각한다. 부모로서 처음이라 아무것도 할 줄 모르면서 부모가 되기만 하면 전부 다 잘하게 되리라 착각하는 것이다. 아이는 보살펴줄 부모라도 있지만, 이제 한 살이 된 부모는 양식도 스스로 찾아 먹고, 부모로서의 걸음마도 스스로 떼고, 부모로서의 말도 스스로 배워야 한다. 한 살인 부모는 겁나는 일도 많다. 부모로서 사는 게 어떤 것인지 알았더라면 부모가 되었을까 후회하고 싶을 만큼, 한 집안에 각각 한 살인 아이와 부모는 같이 웃기도 하고, 앵앵거리며 울기도 하는 것이다.

한 살인 부모는 먼저 아이의 발달 단계에 대해 알아야 한다. 그와 동시에 발달 단계에 따라 달라지는 부모 역할에 대한 이해도 필요하다. 부모 역할에 대해 알아가다 보면 못 보던 것도 보게 되고, 각 발달 단계에 맞는 부모 역할도 할 수 있게 될 것이다. 그러면 부모로서의 길을 가다 혹시 넘어지더라도 얼른 일어나 다시 시작할 수 있을 것이다. 그러기 위해서는 그 길을 가다 넘어지는 시행착오를 인정하고 받아들이는 것이 무엇보다 필요하다. 한 살인 아이가 완벽할 수 없듯이 한 살인 부모도 완벽할 수 없음을 먼저 인정하고 받아들여야 한다. 그리고 최고의 부모가 되어야 한다는 욕심과 죄책감에서 벗어나도록 하자. 조급해하지 말고 아이와 함께, 한 살 한 살 성장해가면 되는 것이다. 단, 어떤 부모가 되고 싶은지 생각을 정리해보고, 거기에 맞는 모습을 보이는 부모가 되도록 노력하면 되는 것이다.

■ 생각 나누기 ■

부모로서 한 살이 되었을 때 가장 힘들었던 것은?

아이가 태어나고 마냥 행복하고 아름다울 것만 같았던 시간 속에서 점점 힘든 시간을 보내게 된 부모로서의 한 살. 이 시기 부모로서 가장 힘들었던 것에 대해 생각을 나누어보자.

▶ 가장 힘들었던 것은?

▶ 이유

아이와 함께하는 것들이 무의미한 일들의 연속이라 여겼습니다.

하지만 그 무의미한 것들이 쌓이고 쌓여

부모가 된다는 것을 알았습니다.

그렇게 부모가 되었습니다.

2

삶의 뿌리는 사랑

세 살, 네 살 형제를 둔 어머니를 만났을 때 생각이 난다. 네 살인 첫째 아들이 동생이 하려는 것은 무엇이든 빼앗고 차지하려 해서 둘 사이를 중재하기가 너무 어렵다며 첫째 아들을 어떻게 하면 좋을지를 물었다. 엄마, 아빠가 동생을 한 번 안아주려 하면 중간에 끼어들어 먼저 안아달라 하고, 본인의 학습지 수업을 다 하고서도 동생이 학습지 선생님과 수업을 하려고 하면 함께 하겠다고 떼를 쓰거나, 그것이 허락되지 않으면 방 밖에서 소리 지르며 방해를 한다고도 하였다. '엄마, 아빠는 둘 다 똑같이 사랑한다'고 말해도 동생만 이뻐한다고 삐치는 경우가 잦다고 하였다. 첫째 아들은 왜 이러는 것일까? 어떻게 하면 첫째 아이의 행동을 변화시킬 수 있을까?

어머니와 시간을 조금 되돌려보기로 하였다. 첫째 아이가 태어나고 동생이 태어나기 전까지 첫째 아이와 엄마, 아빠와의 모습에 대해 들어보았다. 돌아오는 대답을 듣는 동안 첫째 아이를 생각하니, 마음이 아팠다.

"간호사로 병원에서 근무할 때 첫 아이가 생겼습니다. 아이가 엄마, 아빠에게 왔다는 사실이 행복한 순간도 있었지만, 입덧과 피곤으로 힘들다는 생각을 더 많이 했던 것 같아요. 그리고 첫째 아이가 태어나고도 병원 근무를 계속해야만 해서 아이는 시어머니의 도움으로 키웠어요. 퇴근 후나 비번인 날에는 아이와 함께 시간을 보냈어요. 하지만 제 몸이 힘들고 피곤하다 보니 저의 감정에만 빠져 정작 아이에게는 집중하지 못했어요."라는 이야기를 들려주었다. 그리고 첫째가 19개월 때 둘째가 태어나 두 아이를 양육하며 직장을 다니기 힘들 것 같아 직장을 관두고 두 아이를 양육하며 집에 있다고 하였다.

"첫째와 둘째를 양육하며 엄마 스스로 느끼는 차이점이 있나요?"라고 물었다.
"아무래도 첫째 아이는 부모로서 준비가 되지 못한 상태이기도 했고, 부모라는 것을 처음 해보는 상황이라 많이 미숙했던 것 같아요."

“혹시 특별히 마음에 걸리거나 짚이는 부분이라도 있나요?”

“첫째는 안아주고, 눈 맞춰주고, 웃어주는 반응을 많이 못 했어요. 아이를 안아주고, 눈 맞춰주고, 웃어주는 등 반응을 하기엔 저 자신이 너무 힘들다는 생각에 여유가 없었습니다. 그렇게 어린 나이에 뭘 그렇게 많이 느끼고 알까요?”

아이들의 영아기는, 부모 시각에서는 쉬울 것 같지만 가장 어려운 시기라 생각된다. 뒤늦게라도 무언가를 해보려 하는데 시간이 너무 빨리 지나가버린다. 그래서 이 시기의 중요성을 놓치는 경우가 많다. 특히 첫째 아이들의 경우 부모도 부모로서 준비가 안 된 상태에서 만날 가능성이 크기 때문에 시행착오를 겪을 가능성이 훨씬 크다.

영아기 시기의 아이들에게 가장 중요한 것은 뭐니 뭐니 해도 ‘사랑’이다. 이것을 ‘애착’이라고 표현한다. 즉 주 양육자가 아이를 지극히 사랑하고 아끼는 것을 말한다. 물론 주 양육자가 부모가 아닐 수도 있다. 할머니가 될 수도 있고, 제삼자가 될 수도 있다. 누가 되었건 이 시기의 아이들은 주 양육자와의 애착 형성 즉 ‘사랑’을 받는 것이 가장 중요하다. 그 사랑을 통해 자신과 사람에 대한 신뢰도 형성되고, ‘이 세상은 살 만한 세상이구나!’라고 느낄 수 있게 된다. 그런데 여기에서 주 양육자가 대부분 부모이기에 부모와 아이 사이의 애착 형성이 중요하다고 강조하는 것이다. 그리고 또 한편으로는 위 상담 사례에서 볼 수 있듯이 아이가 영유아기 때 부모보다 할머니를 비롯한 제삼자가 주 양육자가 되었을 경우 근본적인 신뢰 형성보다, 부모와 아이 사이의 애착 형성에 문제가 생길 수도 있다. 부모가 생각하는 것만큼 아이가 부모의 사랑을 느끼지 못할 가능성이 크다. 그래서 계속 확인하려고 하는 것이다.

위 사례의 경우를 보더라도, 첫째와 둘째의 경우 질적으로 양적으로 엄마와 나눈 사랑의 양이 다를 것이다. 그러다 보니 엄마 본인도 안 그래야지 하면서도 첫째와 둘째에게서 느끼는 마음이 다를 수 있다. 아이도 그것을 논리적으로 표현 못 할 뿐이지 느끼는 것이다. 직장을 다니면서도 아이와 함께하는 시간 동안만이라도 아이가 원하는 만큼 안아주고, 눈도 맞춰주고, 웃어주는 등 아이의 욕구를 충족시켜주었다면 아이가 부모에게서 사랑을 충분히 느꼈을 가능성이 크다. 하지만 현실은 그렇게 하기에는 어려움이 있을 수밖에 없다. 아이는 부모가 자신을 사랑하는지 계속 부모의 사랑을 확인하고 싶어 한다. '동생보다 더 사랑해줘요!'가 아니라 본인이 사랑받고 있는지를 확인하고 싶어 하는 것이다.

아이들이 이 세상에 와서 부모를 만나 가장 먼저, 가장 충분히 받아야 하는 것은 돈도, 교육도 아닌 '사랑'이다. 그 사랑의 힘을 바탕으로 아이들은 다른 사람과 관계를 맺으며 이 세상에 뿌리를 내린다. 그 사랑의 힘으로 아이들은 성장하고, 성장 중에 생기는 어려움도 이겨내며, 자신의 삶을 찾아가게 되는 것이다. 그래서 아이의 나이와는 상관없이 지금까지 내 아이가 원하는 만큼 부모의 품을, 사랑을 내어주었는지를 돌아보아야 한다. 만약 이 사랑이 충분했다면 비록 다른 것이 조금 부족하더라도 분명 아이와 부모 관계는 어려움이 덜할 것이다.

하지만 '아이가 원하는 만큼 부모의 품이, 사랑이 충분하지 못했겠구나….' 하는 생각이 든다면 지금부터라도 아이가 원하는 만큼 부모의 품과 사랑을 내어주어야 한다. 사랑과 인정받고자 하는 욕구가 결핍되면 먼저 아이의 자존감 형성에 문제가 된다. 그만큼 자기 존재 가치에 의구심을 갖게 되는 것이다. 그리고 '이 세상은 믿을 곳이 못 되는구나!'라는 생각에, 본인에게 어려움이 생겨도 부모에게 도움을 받지 못할 것으로 생각하게 된다. 그래서 문제가 생기면 적대감과 분노가 먼저 올라오고 부모와의 관계 형성에까지 걸림돌이 되는 것이다. 이럴 경우, 더 의존하며 매달리는 모습을 보이거나 부모를 아예 피해버리는 건강하지 못한 관계를 맺게 되는 것이다.

애착 이론은 영국의 정신분석학자인 존 볼비(John Bowlby)가 창시하였다. '애착'이란 부모와 자녀의 관계처럼 가까운 사람과 지속하는 정서적 유대관계이다. 자신의 힘으로 살아갈 수 없는 아기는 본능적으로 자기를 돌봐주고 보호해줄 누군가를 찾게 된다. 아기는 자신을 돌봐주는 주 양육자와 애착을 형성함으로써 외부의 위협으로부터 자신을 보호하고, 내적 불안으로부터 안정을 느끼며 성장하게 되는 것이다.

배가 고플 때 젖을 물려주고, 기저귀가 젖으면 부드러운 손길로 갈아주고, 놀고 싶을 때 눈 맞춰주고, 안기고 싶을 때 안아주고, 잠자고 싶을 때 재워주면 아기는 이 세상을 살 만한 곳으로 여기며 안심하게 된다. 그러면 아이는 자연스럽게 '안정적인 애착'을 형성하게 되는 것이다.

반면 필요를 호소하는 아기의 신호에 적절히 반응해주지 않으면 아기는 자신의 욕구 표현을 주저하게 되며 '불안정한 애착'을 형성하게 된다. 특히 주 양육자의 기분에 따라 이랬다저랬다 하는 비일관적인 반응을 보이면, 아기는 불안해져 눈치를 보게 된다.

그리고 아기의 신호에 전혀 무관심하거나 방임적인 태도를 보이면, 아기도 주 양육자의 존재를 무시하며 상호작용을 피하는 '회피 애착'을 형성하게 된다. 이 경우 아기는 자신이 어려운 상황에 놓였을 때 주 양육자에게 다가가려다 다가가지 않고 머뭇거린다.

영아기 시절을 비롯한 어린 시절 부모와의 애착 경험을 통해 아이들은 자신에 대한 기대와 타인에 대해 기대를 한다. 이러한 기대는 성장하면서 만나게 되는 타인과의 관계 형성에 영향을 미친다. 어린 시절 애착 형성이 원활하지 못하였다면 성장하면서 자신에게 관심과 사랑을 줄 사람을 계속 찾고, 그들로부터 관심과 사랑과 인정을 끌어내는 데 시간을 많이 보낼 것이다. 특히 이들은 사람에 대한 믿음이 약하기 때문에 부정적인 정보에 먼저 관심을 기울이고 주변 일도 부정적으로 해석하며 더 불안해한다. 나를 미워하고 싫어할까, 버릴까, 두려워하며, 진짜 사랑받고 있는지 확인하고 싶어 한다. 애착 결핍을 보상받고자 끊임없이 확인하고 불안해하는 것이다.

반면 부모와 안정 애착을 형성한 경우는 타인과의 관계에서도 자신의 부모처럼 그들이 자신을 지지해주고 사랑해줄 것이라 믿어 매사에 당당하고 타인을 신뢰하고, 자신 앞에 펼쳐진 세상 역시 안전한 곳이라 믿는다. 그리고 자신을 편하게 개방하여 좋은 모습도, 좋지 않은 모습도 자연스럽게 보인다. 무엇보다 불안해하지 않으며, 편안한 모습을 보인다.

영아기 시절, 부모의 사랑과 관심으로 형성된 안정 애착은 자신을 믿게 하는 심리적 기반이 된다. 그리고 더 넓은 세상을 경험하면서 사회성이 발달하여 타인과의 관계에서도 믿음을 줄 수 있다. 자신의 욕구를 조절할 수 있는 자기조절 능력도 발달하며, 보호자와 떨어지더라도 주변을 마음껏 탐색하며 자신의 세상을 넓혀갈 수 있게 된다. 애착이 잘 형성되면 성장하면서 부모와 분화도 잘 된다. 애착의 정도에 따라 부모와 아이 간의 거리가 달라진다. 그리고 필요할 땐 돌아오고, 필요 없을 땐 나가 있을 수 있는 심리적 독립에도 영향력이 크다.

■ 생각 나누기 ■

나와 내 아이의 애착 유형은?

한 사람의 생애를 돌아보았을 때 영아기 부모와의 애착 형성이 매우 중요한 비중을 차지한다. 나는 나의 부모와 어떤 애착 관계라 생각하는가? 그리고 나의 아이와 나의 애착 관계에 대해 생각을 나누어보자.

▶ 내 아이의 애착 유형은?

▶ 이유

▶ 나의 애착 유형은?

▶ 이유

사람은

믿어주는 만큼 자라고,

아껴주는 만큼 여물고,

인정받는 만큼 성장하는 법이다.

SBS 〈낭만닥터 김사부〉 시즌2 16부 중에서

3

나의 이미지를 만들어요

아이들은 자신을 어떤 사람이라 생각할까? 그리고 아이들이 자신을 어떻게 생각하는지가 아이들의 삶이나 행동에 어떤 영향을 미칠까?

얼마 전 엄마의 손에 이끌려온 여덟 살 아들을 만났다. 몸집은 여덟 살 치고는 좀 작았다. 묻는 말에 대답할 때 엄마 눈치를 자주 보았다. 엄마의 표정이나 몸짓에 따라 자신이 해야 할 대답의 수위를 정하는 듯했다.

그런데 엄마는 표정을 찡그리고 있었다. 그러면서 '아이가 무엇이든 적극적으로 자신감을 가지고 했으면 좋겠다.'라고 이야기를 하였다.

아이에게 자신을 어떤 사람이라 생각하는지를 물었다. 예상했던 대로 대답을 하지 못하고 "잘 모르겠어요. 엄마가 말해!" 하며 고개를 떨구었다. 하지만 엄마가 아이에게 대답해보라고 재촉을 하니 "나는 재수가 없어요, 머리가 나빠요, 말썽만 피워요, 동생을 괴롭혀요, 엄마를 힘들게 해요."라고 대답을 하였다. 왜 그렇게 생각하는지를 물었다. 그랬더니 "엄마가 늘 그렇게 이야기해요."라며 눈물을 훔쳤다.

당황한 엄마는 "첫째이고 아들이다 보니 기대도 크고, 좀 더 잘했으면 하는 바람에 더 잘하라고 독려한 것인데…, 아이가 이렇게 받아들이고 있었는지는 몰랐어요."라며 한숨을 내쉬었다.

일상에서 문제가 있는 아이들의 마음을 들여다보면 자신에 대해 부정적인 자아상을 가지는 경우가 많다. 부모가 교육 차원에서 또는 홧김에 아이에게 한 말이 부모가 원치 않는 방향으로 아이의 마음에 자리를 잡고, 그것이 다시 부메랑이 되어 부모와 아이를 힘들게 한다. 물론 부모는 부모의 말이나 행동이 아이에게 상처로 남지 않고, 아이가 좋은 방향으로 받아들여줄 것이라 기대한다. 하지만 부정적인 부모의 말이나 행동으로 형성된 자기 표상은 아이들이 자신을 하찮고 별 볼 일 없는 사람으로 여기게 만들어 소심하고 주눅 들게 한다. 그러다 아예 아무것도 하지 않도록 만들기도 한다. 해봤자 지적당하고 잔소리 듣고, 실패할 것이 뻔하니 아무것도 안 하는 것이 낫다는 것이다. 결국, 아이들은 자신의 잘못이 없음에도 불구하고 불안해하고, 두려워하고, 외롭고, 포기하고 나아가 죄책감을 느끼게 되는 것이다. 어쩌면 이것은 아이의 평생을 힘들게 할 수도 있다.

대부분, 부모는 아이의 첫 대상이자 첫 경험이다. 아이는 대상, 특히 첫 대상인 부모와의 상호작용을 통해 자기(self)를 만든다. 부모가 아이에게 준 메시지나 대했던 방식이 아이 자신을 만드는 데 지대한 영향을 미친다. 자기(self)는 자신에 대한 의식적, 무의식적, 정신적 표상, 즉 이미지이다. '나는 좋은 사람이야!', '나는 별 볼 일 없는 사람이야!'와 같은 이미지는 대상과의 상호작용, 특히 부모와의 상호작용으로 만들어진다. 영아기 때 부모가 아이와 어떤 상호작용을 하였는가가 매우 중요하다. 이때 부모는 아이에게 말만 하는 것이 아니다. 언어적 상호작용도 하지만 접촉, 눈빛, 표정, 웃음, 한숨, 손길, 외면하는 모습 같은 비언어적 상호작용도 이루어진다. 언어적, 비언어적 메시지가 동시에 전달되는 것이다. 특히 이 시기의 비언어적 전달이 모여서 잔재를 만들고, 그 잔재들이 아이의 틀을 만든다.

위 사례의 여덟 살 아들의 경우 결혼을 하고 생각지도 못했는데 아이의 임신 사실을 알았고, 부모로서 준비가 되지 않은 상황에서 아이가 태어났던 것이었다. 그러니 엄마로서도 힘들 수밖에 없는 형편이었다. 더군다나 남편이 직장 문제로 해외에서 지내다 보니 모든 것은 엄마의 몫이었다. 본의 아니게 아이와 부정적인 상호작용이 훨씬 더 많았다고 하였다. 웃음과 따뜻한 엄마의 품보다는 한숨과 짜증, 화난 표정, 눈물을 더 많이 보였다고 하였다. 여덟 살 아들은 이 시기 엄마와의 상호작용으로 인해 자신에 대해 소극적이고 부정적인 자아의 틀을 갖게 되었을 것이다. 아이는 엄마와의 상호작용에서 끊임없이 언어적, 비언어적으로 자신이 엄마를 힘들게 하는 존재라는 메시지를 느끼게 되었을 것이다.

아이는 부모와의 상호작용을 통해 나라는 존재에 대한 관점을 자신의 속으로 받아들이고 그런 것이 모여 아이들에게 내적 자아 형성의 중요한 기반이 된다. 결국, 아이에게 어떤 메시지를 주느냐에 따라, 아이는 평생 짐처럼 살 수도 있고, 괜찮은 사람으로 살 수도 있다. '나라는 존재는 괜찮아, 이만하면 충분해!'라고 느낄 수 있는 것이 아이에게 매우 중요하다. 이러한 자기 표상은 친구, 직장, 연인, 배우자, 가족 등 이후 중요한 관계에서 재생될 가능성이 크다. 반면 자기 표상으로 생긴 자신에 대한 왜곡은 자신을 아프게 하고, 사랑하는 사람을 가장 아프게 할 가능성이 크다.

부모가 아이와의 상호작용에서 아이들이 어떤 자기 표상을 갖는지도 살펴보아야 하지만 부모 자신도 자신에게 느끼는 표상이 어떠하고, 왜 그런 자기 표상을 가지게 되었는지를 살펴보아야 한다. 그리고 아이와 부정적인 상호작용을 많이 주고받았다면 죄책감을 느끼며 괴로운 시간을 보내기보다는 떨치고 나와 지금부터라도 아이와 긍정적인 상호작용을 더 많이 하게 해줄 방법을 찾아야 한다.

아이의 표정이나 행동을 면밀하게 관찰할 필요가 있다. 예를 들어, 아이 표정이 밝지 않거나 짜증 내는 모습을 보일 때, 아이에게 먼저 그러지 말기를 요구하기보다는 부모인 내가 아이에게 어두운 표정과 짜증을 내고 있지는 않은지 살펴보아야 한다.

특히 아이가 둘 이상이라면 첫째 아이와 둘째 아이가 서로를 대하는 모습을 보면 부모인 내가 아이들과 어떤 상호작용을 하고 있는지 잘 느끼게 될 것이다. 부모가 바라는 것에 대해 아이에게 수없이 말을 해도 보지 못한 모습을 행동하는 건 불가능하다.

반면에 자주 본 모습은 저절로 나온다. 아이가 어떤 모습을 자주 보고 있는가? 아이의 눈길이 어디에 많이 머무르는가? 그렇다면 부모는 아이에게 무엇을 보여주어야 할까? 부모 자신의 모습은 보지 않고 아이 모습만 탓하고 있는 것은 아닌가? 부모도 실수할 수 있다. 실수한 것보다 그 순간을 놓치고 계속 반복하는 것이 더 큰 잘못이다.

영아기 때 부모로부터 만들어지는 자기 표상은 앞서 이야기한 애착과 함께 아이들이 평생을 살아가는 데 밑거름이 되는 뿌리 중 매우 중요한 두 축이라 할 수 있다. 그러니 아이들의 자아가 뿌리부터 잘 뻗고 자랄 수 있도록, 부족함 없는 사랑과 긍정적인 상호작용을 더 많이 느낄 수 있도록 해주는 충분한 시간이 필요하다.

■ 생각 나누기 ■

아이가 생각하는 자신의 모습은?

부모가 아이에게 주는 메시지는 부모의 의도와 다르게 전달될 때가 많다. 아이가 생각하는 자신의 모습은 어떠한가? 평소 아이에게 어떤 메시지를 주고 있는가에 대해 생각을 나누어보자.

▶ 아이가 생각하는 자신은?

▶ 아이에게 어떤 메시지를 주었나?

▶ 왜?

부모가 아이에게 말합니다.

"너를 사랑해. 너는 소중해."

하지만 아이는 느끼지 못합니다.

부모가 어떻게 해야 아이는 부모의 마음을 느낄 수 있을까요?

3장

호기심이 마법을 펼치는 유아기

유아기는 두 살 이후부터 초등학교 입학 전까지의 시기를 말한다. 유아기에는 인지 능력이 발달하여 눈앞에 존재하지 않는 대상도 기억할 수 있어 상상력이 풍부해진다. 그리고 호기심으로 인해 주변 환경에 대한 탐색이 활발해지고, 풍부한 어휘를 습득하게 되어 다른 사람과의 의사소통도 원활해진다. 무엇보다 놀이가 중요한 시기이다. 놀이를 통해 자신이 알게 된 것을 적용, 발전시켜나간다. 영아기와 비교해 신체 발달의 속도가 더디나 꾸준히 완만하게 성장하며, 운동 능력도 꾸준히 발달한다. 특히 부모들이 가장 중요하게 생각하는 학습 능력보다 더 중요한 인간으로서 살아가는 데 필요한 자율성, 주도성, 자기 효능감, 자기 조절력, 문제 해결력 등 여러 능력의 기초를 세워야 하는 매우 중요한 시기이다. 그래서 부모는 '양육자'와 '훈육자'로서의 역할을 잘해야 한다. 아이가 몸도 마음도 건강하게 잘 자랄 수 있도록 보살피며, 시기를 놓치지 말고 훈육에 신경을 써야 한다.

슬기로운 부모생활

1

세상은 온통 호기심 천국

호기심은 새롭거나 신기한 것에 끌리는 마음이다. 유아기 아이들의 눈에는 세상이 신기한 것투성이로 온통 호기심 천국이다.

부모에겐 익숙한 모든 것들이 아이 눈에는 새롭고 신기하고, 자동으로 끌리는 마음이 생긴다. 그러다 보니 담겨 있으면 다 부어보고 싶고, 닫혀 있으면 열어보고 싶고, 잡아보고 싶고, 입에 넣어보고 싶고, 문질러보고 싶고, 던져보고 싶은 것이다. 아이가 직립보행을 통해 두 다리로 걸어 다닐 수 있게 됨과 동시에 이 호기심은 더욱 왕성해진다. 그러다 보니 부모가 잠시라도 한눈을 팔면 순식간에 일이 벌어지고 만다.

KBS 2TV의 〈슈퍼맨이 돌아왔다〉라는 프로그램에 윌리엄과 벤틀리 형제가 나온다. 윌리엄은 몇 개월부터 나왔는지 기억이 안 나지만, 벤틀리는 태어나는 순간부터 등장하였으니 다섯 살까지의 모습을 다 본 셈이다. 지금은 다소 의젓한 모습을 보이는 다섯 살이 되어 자주 볼 수는 없지만, 벤틀리의 두 살에서 네 살 때의 모습을 생각해보면 아찔한 순간도 여러 번 있었다. 눈에 보이면 다 만져보면서 곧바로 입으로 향했던 모습이 가장 인상적이었다. 특히 큰 양푼에 시리얼을 한가득 담고 우유를 부어 먹던 중, 양푼 속 시리얼과 우유를 모두 거실 바닥에 부어 손으로 휘휘 저으며 그림을 그리며 논 장면은 잊을 수가 없다. 내 앞에서 아이가 저런 모습을 보인다면 과연 어떻게 할 수 있을까를 여러 번 고민해야 할 만큼 부모로서 받아들이기 어려운 행동이었다. 하지만 아이가 그저 본능적인 호기심에 저렇게 할 수 있는 시기가 이때이다.

아이들이 직면하는 현실은 어떨까? 자신의 눈에 새롭고 신기해 보이는 것을 탐색할 기회가 그리 많이 허락되지 않는다.

어린이집에서 진행된 부모교육에서 어머니들이 아이 때문에 집에 물건을 둘 수도 없고, 따라다니며 치우기도 힘들다며 어려움을 토로하던 중이었다. 그때 세 살 아들을 둔 어머니의 당당했던 모습이 아직도 선하다.

"저는 거실에 있는 물건 대부분은 아이 손이 닿지 않는 높은 곳으로 옮겨 놓았어요. 그리고 수납장이나 싱크대는 아이가 열어보지 못하도록 테이프로 입구를 막았어요. 그랬더니 아이가 거실이나 주방에서 물건을 함부로 만져 문제를 일으키지 못해요. 대신 아이가 움직일 수 있는 공간을 방이나 거실에 따로 정해주고 거기에서만 놀 수 있도록 해요. 한 번에 가지고 놀 장난감이나 책도 정해주고요. 그렇게 하니 아이를 혼낼 일도, 아이 때문에 힘든 일도 없어 너무 좋아요."

어머니는 세 살 아이가 마음껏 새로운 것에 접근하는 것을 어머니의 편리대로 막아버린 셈이다. 여기저기서 그렇게 하면 힘든 일은 없겠다며 진작 그런 생각을 하지 못한 것을 후회하는 분위기가 감돌았다. 아이의 반응이 어떠한지를 어머니에게 물었다.

"처음에는 아이가 어떻게 하든 물건을 손에 넣으려고 수납장 위로 올라가려고 하기도 하고, 붙어 있는 테이프를 떼려고도 했지만 쉽지 않다는 것을 알고는 포기하더라고요. 그러더니 이제는 그냥 얌전히 앉아서 놀아요. 그리고 장난감이나 책을 꺼낼 때도 꺼내도 되는지 물어보아요. 아이와 실랑이할 일이 없으니 몸도 마음도 편하고 좋아요."

세 살 아이가 가만히 얌전히 앉아서 노는 것이, 가지고 놀고 싶은 장난감이나 보고 싶은 책을 꺼낼 때마다 엄마에게 물어보는 것이 과연 아이에게 어떤 영향을 미칠까?

새롭고 신기한 것을 좋아하고, 모르는 것을 알고 싶어 하는 마음은 이 시기 아이들의 본능이다. 그런데 부모들은 아이들의 이 타고난 본능인 호기심을 마음껏 펼칠 기회를 주지 않는다. 기회만 주지 않는 것이 아니라 부모가 좋다고 생각하는 것만을 아이 손에 쥐여주고, 아이가 그것에 호기심을 느끼기를 원한다.

특히 놀이를 가장한 학습 교구들을 아이의 손에 쥐여주고 아이보다 더 뿌듯해하고 행복해하는 부모를 많이 본다. 이는 호기심을 자극하겠다는 마음으로 아이의 활동에 끼어들어 아이의 호기심을 방해하는 것이다. 이런 경우 아이는 스스로 마음껏 경험해보고 싶은 것을 놓치고 만다. 나아가 집중력도 떨어지고, 학습에 대한 거부감이 마음에 자리 잡을 가능성도 크다. 결국, 아이에게 지적 호기심을 자극해주고 싶다는 부모의 마음 탓에 아이는 자신이 무엇에 호기심을 느끼는지를 경험해보지도 못한 채 호기심을 접어버리게 된다.

이 시기 아이들의 호기심은 본능이기에 자연스럽게 표출되어 경험할 기회가 필요하다. 부모가 의도를 가지고 일부러 끄집어내려 애쓸 필요

없이 아이가 마음껏 탐색해볼 수 있도록 내버려두어 아이의 호기심이 자연스럽게 표출될 수 있도록 해주어야 한다. 그리고 아이가 호기심으로 무언가에 눈을 반짝이며 몰입하는 순간을 만난다면 부모는 "재밌어? 신기하네!" 이렇게 맞장구를 쳐주어 부모가 아이의 모습에 관심 가지고 있다는 것을 느끼게 해주는 것이 좋다. 사랑스러운 눈빛과 따뜻한 미소를 함께할 수 있다면 아이가 호기심을 펼치는 데 금상첨화일 것이다. 그러면 아이는 이 호기심을 통해 경험한 것 중에서 자신이 더 좋아하고 더 관심이 가는 것이 무엇인지를 알아가는 소중한 시간을 갖게 된다.

■ 생각 나누기 ■

아이가 하는 행동 중 허용하기 어려운 것은?

하루 24시간 동안 아이가 하는 행동을 보고 있자니 힘들다. 하고 싶은 대로 다 들어줄 수도 없고, 마음에 들지 않는다고 다 막을 수도 없다. 아이가 하는 행동 중 허용하기 어려운 행동에 대해 생각을 나누어보자.

▶ 허용하기 어려운 행동

▶ 이유

아이의 행동에는 이유가 있습니다.

아이의 마음을 모르면 악순환에 빠집니다.

부모의 마음으로 아이를 보지 마세요.

아이의 마음으로 아이를 봐주세요.

2

내가 내가 VS 안 돼 안 돼

울산에 있는 고등학교에 부모교육 갔을 때가 생각이 난다. 저녁 시간임에도 불구하고 20여 명에 달하는 어머니들과 함께하는 시간이었다. 어머니들에게 여느 때와 마찬가지로, '부모, 할 만하신가'에 대한 질문을 드렸다. 여기저기서 힘들다는 하소연이 쏟아졌다. 구체적으로 어떤 부분이 힘든지에 관한 이야기를 들어보았다. 역시 아이들이 고등학생임에도 불구하고 스스로 알아서 해야 할 것들을 하지 않는다는 것이었다.

그런데 한 어머니가 아들 자랑을 하셨다. 고등학교 3학년인 아들은 교복까지 자신의 손으로 빨아서 입고 다닌다는 것이었다. 부러움의 탄성이 여기저기서 들려왔다. 혹시 무슨 이유가 있는지를 물어보았다.

"다른 이유는 없고 중학교 때부터 계속 그렇게 했어요. 스스로 교복을 빨아 입는 것뿐만 아니라 초등학교 때부터 방 청소, 아침에 일어나는 것, 스마트폰 관리, 공부 등 자신과 관련된 모든 것을 스스로 알아서 했습니다."

요즘 고등학생 중에선 참 보기 드문 친구였다. 그 자리에 있던 어머니들 모두가 아이들에게 가장 원하는 모습이었다. 어머니에게서 고등학교 3학년 아들이 유치원 다닐 때 어떻게 하였는지 이야기를 들어보았다.

"아이가 자신의 의사를 표현할 수 있는 세 살 정도부터 자기가 해보고자 하는 것은 할 수 있도록 기회를 많이 주었던 것 같아요. 때로는 실수도 하고, 잘되지 않아 힘들어하기도 했어요. 하지만 안전에 큰 문제만 없다면 아이가 해보려고 하는 것에는 제재를 가하지 않았습니다. 그러니 성장하면서 스스로 하고자 하는 부분이 더 많아졌고, 자신이 하기에 어려운 것은 도와달라 하며 하나씩 할 수 있게 되었어요."

스스로 알아서 하는 아이와 그렇지 못한 아이의 차이는 무엇일까? 이 질문에 대한 열쇠는 유아기 때의 '자율성의 경험'이라 할 수 있다. 즉 '자기 선택의 경험'인 것이다. 누가 시켜서 한 일이 아니라 자기 스스로 했다는 느낌이다. 특히 아이의 자기 효능감을 키우고 싶다면 자율적인 환경이 매우 중요하다. 본인이 선택한 것을 잘 선택했다고 느낄 때 자기 효능감이 생기기 때문이다. 즉 자율적인 환경에서 성공을 경험할 수 있게 해주는 것이 필요하다. 아이들이 스스로 해낸 것이 아니라 누군가가 해주어서 성공을 맛본다면 자연스럽게 더 많은 도움을 요구하고 의존적인 모습을 보일 수밖에 없다.

아이들이 말을 하기 시작하면 '엄마, 아빠'를 제외하고 많이 하는 말이 무엇일까? '내가 내가'이다. 이 '내가 내가'는 '내가 내 몸의 주인이 되어 내 몸을 써보고 싶어요. 그러니 기회를 주세요!'라고 외치는 것이다. 옷을 입히려 해도 제대로 입지도 못하면서 '내가 내가', 물을 반이나 흘리면서도 컵에 물을 붓거나 마실 때도 '내가 내가', 먹는 것보다 흘리고 묻히는 것이 더 많으면서도 '내가 내가', 청소기를 밀려 해도 '내가 내가', 수저를 놓으려 해도 '내가 내가'. 신발을 오른쪽 왼쪽 바꿔 신으면서도 '내가 내가'를 늘 외친다. 무엇을 하든 '내가 내가'를 외치고 외쳤을 것이다. 이러한 상황에서 부모는 처음에는 아이가 하는 모습이 그저 귀엽고 신기해서 기회를 준다. 하지만 이것 역시 횟수가 늘어나면 '안 돼 안 돼' 하면서 제재하기 시작한다. 특별한 이유도 찾을 수 없다. 그저 아이가 힘들어 보여서, 아이가 아직 스스로 하기엔 너무 어리니까, 지금 안 해도 나중에 스스로 알아서 할 날이 많으니까 등의 이유로 아이의 기회를 부모가 박탈하는 것이다. 그리고 부모들의 가장 밑바닥 마음에는 편하게 빨리 끝내고 싶다는 이유도 자리를 잡고 있다.

그러면 아이는 자신의 몸을 써서 자신이 움직여야 하는 것에서 멀어지기 시작한다. 몸은 자신의 것이나 자신의 몸을 쓸 수 있는 권한은 부모에게 넘어가게 된 것이다. 아이가 '내가, 내가!'를 많이 외칠수록 부모의 '안 돼, 안 돼.'는 더 강해진다. 그러면서 부모는 '지금은 네가 너무 어려서 힘드니 나중에 스스로 할 수 있는 나이가 되면 스스로 다 해야 해.'라고 생각한다. 하지만 이 시기에 자신의 몸을 써서 스스로 해보는 기회를 많이 얻어야 부모의 생각처럼 스스로 할 수 있는 나이가 되었을 때 스스로 하게 되는 것이다. 이 시기에 자신의 몸을 써서 스스로 하는 기회를 박탈당할수록 아이는 나이가 들었다는 이유만으로 자신의 몸을 써 자신의 의지로 움직이기는 쉽지 않다.

이런 속담이 있다. '세 살 버릇 여든 간다.' 이 속담이 이 경우에 딱 맞는 거라 생각된다. 세 살에서 네 살의 연령대는 아이들이 자신이 해보고 싶은 것을 자신의 몸을 써서 스스로 하는 기회를 주어 '자율성'을 키워야 하는 결정적인 시기이다. 이 시기 아이들은 다양한 탐색을 원하고, 스스로 경험해보고자 내가 하겠다며 그렇게 '내가 내가'를 외치는 것이다. 물론 몸과 마음의 조절이 어려워 과격한 행동처럼 보이기도 하고, 어설퍼 보이기도 하고, 실수투성이인 것처럼 보이기도 한다.

이것은 아직 몸과 마음의 발달이 미숙하여 그런 것이지 나쁜 의도를 가지고 그러는 것이 아니다. 단지 자기가 해보고 싶은 것을 정하고, 그것을 시도해보는 경험을 많이 하고자 하는 것이다. 그래서 자신이 흥미를 느끼고 할 수 있는 영역을 넓혀가고자 한다.

부모는 아이가 스스로 하겠다고 하는 순간 한 발 물러나 지켜볼 수 있어야 한다. 그러면 아이는 다른 것에도 더 적극적으로 관심을 보이게 된다. 결국, 아이가 원하는 것을 마음껏 할 수 있도록 해주는 것이 부모가 그렇게 원하는 자율성뿐만 아니라 자기 효능감, 동기 부여 등에도 좋은 영향을 미칠 수 있게 된다.

반면 부모가 먼저 나서거나, 아이가 필요로 하는 것을 직접 손에 쥐여주거나, 부모가 대신해주어 스스로 경험할 기회를 주지 않으면 아이들은 동기도 떨어지고 흥미도 덜 느끼게 되어 스스로 하지 않게 된다. 아이가 무언가를 선택하여 행해보고자 하는데 부모가 이러한 자율성을 지지해주지 않으면 아이는 자신의 행동에 자신을 갖지 못하고, 자신에 대한 의심이나 수치심을 가지기에 좋지 않은 영향을 미친다.

그렇다고 해서 무조건 허용하거나 혼자 내버려두라는 것은 아니다. 아이의 안전에 위험이 되는 요소는 미리 없애주면서 안전에 해가 되지 않는 선에서 해보도록 기회를 주고 기다려 주는 것이 필요하다. 결국, 아이는 스스로 할 수 있는 자율의 기회가 많아야 하고, 부모는 필요한 경우 도움을 주면 된다.

■ 생각 나누기 ■

아이 스스로 하고 싶어 하는 것은?

아이들은 이것도 '내가 내가', 저것도 '내가 내가'를 외친다. 아이가 어떤 경우에 유독 '내가 내가'를 외치는지 알고 있는가? 아이가 스스로 해보고 싶어 하는 것이 무엇인지에 대해 생각을 나누어보자.

▶ 아이 스스로 해보고 싶어 하는 것은?

▶ 이유

부모 나무가 너무 큰 그늘을 만들면 아이 나무는 자라지 못합니다.

아이 나무가 성장할수록

부모 나무의 그늘은 조금씩 줄어들어야 합니다.

그래야 아이 나무가 더 많은 햇볕도 받고 영양분을 받아

스스로 더 큰 나무로 성장할 수 있습니다.

부모 나무의 큰 그늘만 고집하면

아이 나무는 건강하게 성장할 수 없습니다.

3

스스로 할 수 있는 기회를 주세요

매년 3월 초 신학기가 되면 학교들은 학교 설명회를 한다. 학교 설명회의 내용 중 어느 학교에서든 절대 빠지지 않는 항목이 있다. 자기주도학습! 학생들의 자기주도학습을 목표로 삼고 이것을 꼭 실천하겠다고 선생님들께서 부모들에게 설명한다. 이 이야기를 들을 때마다 가슴이 답답해진다. 자기주도학습을 실천할 주체인 아이들은 아무런 준비가 되지 않았는데 학교에서 목표로 정하고 그것을 아이들에게 지시하면 된다고 생각한다. 하지만 부모교육 16년을 하면서 자기주도학습이란 목표가 실제 실천되는 학교는 거의 보지 못했다. 왜 그럴까? 앞에서도 언급했듯이 아이들은 자기주도학습을 할 준비가 전혀 되어 있지 않기 때문이다. 그럼 자기주도학습을 위해 무엇이 준비되어야 할까?

그리고 앞선 사례들에서 많이 보았듯이 부모, 특히 어머니들은 아이가 스스로 뭔가를 할 기회를 잘 주지 않는다. 아침에 일어나는 것에서부터 밤에 잠자리에 들 때까지 아이들의 모든 것에 관여한다. 그러면서 '해라.', '하지 마라.', '해줄게.', '빨리빨리.'를 끊임없이 말한다. 그리고 '지금은 내가 다 챙겨주고 해주지만 조금만 있으면 스스로 잘 알아서 하게 될 거야.'라고 마음속으로 생각할 것이다.

하지만 부모와 아이 앞에 펼쳐지는 현실은 어떤가? 초등학교 고학년이 되고 중학생이 되고, 고등학생이 된 아이를 심지어 성인이 된 이후에도 여전히 깨우는 것에서부터 많은 것들에 관여하고 챙겨주고 있다. 도대체 왜 이런 것일까? 왜 우리 아이들은 스스로 알아서 못 할까?

또 한 가지의 경우를 더 이야기해보고자 한다. 자기주도학습과 관련된 부모교육을 할 때 부모들에게 아이들이 교과서를 가지고 다녔으면 한다고 이야기를 한다. 복습에 있어 교과서가 중요하기 때문이다. 그런데 아이에게 교과서를 들고 다니게 하는 일이 난관에 부딪힌다. 일단 교과서를 들고 다니면 가방이 너무 무겁다는 것이다. 그래서 아이들이 받아들이지 않는다고 한다. 과연 무거워서 아이들이 교과서를 들고 다니지 않을까? 물론 무겁다는 것도 인정한다. 그렇더라도 그 무거운 교과서를 꼭 들고 다니는 아이들이 간혹 있다. 그 아이들은 교과서가 무겁지 않아서 들고 다닐까? 아니다. 그 아이들은 자신 스스로 그 무거움을 감수하고 교과서를 들고 다닌다.

어떤 아이들은 교과서를 들고 다니는데, 왜 수많은 아이는 교과서를 들고 다니지 않을까? 그 이유는 첫 번째로 모든 학교에 교과서를 잘 모셔놓을 수 있는 사물함이 있기 때문이다. 하지만 학교에 있는 사물함은 교과서를 잘 모셔놓으라고 둔 것이 아니다. 어느 순간부터 학교의 사물함은 교과서를 위한 공간으로 변해버렸다. 그래서 아이들 대부분은 교과서를 학교에 두고 온다. 교과서가 무겁다는 이유와 그 무거운 교과서를 모셔둘 곳이 교실에 있으니 아이들로서는 일거양득의 효과를 보는 셈이다.

하지만 아이들이 교과서를 들고 다니지 않는 근본적인 이유는 다른 곳에 있다고 생각한다. 아침과 오후, 유치원을 다니는 아이들의 등하원 모습에서 아이들의 가방을 누가 들고 다니는지 본 적이 있는가? 거의 다 부모들이 들고 뛴다. 그리고 유치원 차량 앞이나 유치원 앞에서 헤어질 때 아이에게 넘겨준다. 여기에 큰 함정이 숨어 있다. 큰 전환점이 없는 이상 이때 자신의 가방을 스스로 메고 다니는 경험을 하지 못한 아이들은 학교에 다니면서 자신의 가방에 무거운 교과서를 넣어 오지 않을 가능성이 크다. 반면 유치원 다니는 시기에 자신의 가방을 자기가 챙겨 들고 다닌 아이들은 교과서를 가져와야 하는 이유가 분명해지면 아무리 무거워도 들고 다닐 것이다. 유치원 때 그 가벼운 가방을 누가 들고 다니는지가 왜 이리 큰 차이를 가져오는 것일까?

세 가지 이야기의 질문에 대한 답은 유아기 시절 아이들이 얼마만큼 '자기주도성'을 경험했느냐의 차이이다. 이는 유아 전기 '자율성'의 연장선으로 네 살 이후 자신이 주도적으로 자신의 일을 이끈 경험이 얼마나 되느냐가 중요하다. 이것이 유아기 이후 주도성에 결정적인 영향을 미치는 것이다. 주도적으로 자신의 일을 이끌어본 경험이 있는 아이는 유아기를 벗어나면 자신에게 주어진 몫이 어렵더라도 견디면서 끝까지 해내려고 한다. 물론 이 과정에서 어려움이 발생한다면 스스로 생각해서 누구에게 어느 정도의 도움을 요청해야 이 어려움을 해결할 수 있는지도 안다. 무조건 맹목적으로 도움을 요청하거나 의존하지 않는다.

하지만 유아기 자녀를 둔 주변의 많은 가정을 보면 아주 기본적인 일상 활동, 세수하기, 밥 먹기, 옷 입기, 옷 고르기, 자신이 가지고 놀았던 물건 정리하기 등 모두를 부모의 손을 거친다. 스스로 어떤 것을 해보기가 어렵다. 이렇게 개입이 많으면 무엇인가를 결정할 때도 아이들은 부모에게 일일이 물어본다. 숨 쉴 때마다 숨은 쉬어도 되는지 물어보지 않는 것을 다행으로 여겨야 할 만큼 물어본다. 자신 스스로 생각하고, 결정하고, 행동하고, 그 행동에 대해 다시 생각해보지 않는다. 이러한 경험은 나이를 먹는다고 해서 저절로 생겨나는 것이 아니다. 물론 나이가 들면 세수하고, 밥 먹고, 옷은 입게 될 것이다. 하지만 그 나이에 스스로 알아서 해야 하는 것은 또 부모에게 미루거나, 부모의 간섭과 명령과 통제하에서 이루어지게 된다. 부모들은 아이가 초등학교를 들어간 이후 아이에게 자기 주도성을 바라지만 뜻대로 되지 않는다. 오죽하면 '헬리콥터 맘'을 시작으로 '드론 맘'이란 용어까지 등장하였겠는가. 무엇보다 생활에서 스스로 할 수 있는 주도성이 없는데 어떻게 자기주도학습이 가능하고, 스마트폰 조절이 가능할 수 있을까. 자기주도적인 생활이 되어야 자기주도학습도 스마트폰 조절도 가능하다.

유아기에 '자기주도성'의 경험이 중요한 이유는 첫째, '해라!', '하지 마라!' 소리를 듣지 않더라도 자신에게 필요한 것이라면 어려움이 있더라도 행할 힘을 가지게 되기 때문이다. 둘째, 자신의 행동에 책임을 질 수 있는 아이로 성장하기 때문이다. 부모가 하라고 해서 하는 것이 아니라 스스로 해야 할 것을 하지 않으면 자신에게 책임이 있다는 사실을 알고 행한다는 것이다. 그 결과 어려움이나 문제가 생기더라도 부모 탓, 남 탓을 하지 않는다. 셋째, 어려운 일에도 포기하지 않고 계획적으로 하는 힘이 생기기 때문이다. 그래서 끝까지 책임을 지고 견뎌낼 수 있게 된다. 넷째, 의존성을 버리고 진정한 자기 자신으로 살아갈 힘이 생긴다.

그럼 유아기에 '자기주도성'을 키우려면 어떻게 해야 할까?

첫째, 아이가 생각하고 할 수 있는 몫은 아이가 처리하도록 허용해주어야 한다. 한 예로, 유치원에서 진행하는 부모교육을 하면 부모들에게 '추운 겨울에 내복도 입지 않고 맨발로 유치원 가려고 해요.' 아니면 반대로 '더운 여름에 내복을 입고 가려고 해요. 어떻게 하면 좋죠?'라는 질문을 많이 받는다. 지금 이 책을 읽고 계신 여러분의 생각은 어떠한지 궁금하다. 일단 아이가 원하면 들어주기를 권한다. 추운 겨울 내복도 입지 않고, 양말도 신지 않고 가면 어떤 상황을 겪게 되는지 아이가 직접 경험하는 것이 중요하다. 그래서 아이가 '아, 겨울에 내복을 안 입고, 양말을 안 신어 상당히 춥구나!'라는 것을 느껴보는 것이 필요하다. 부모는 안 입고 안 신으면 춥다는 것을 알기에 바로 거절하면, 아이는 자신이 선택한 경험도 해보지 못하고, 그에 따르는 결과나 책임 또한 경험해볼 기회조차 얻지 못하게 된다. 부모가 보기에 이렇게 말도 안 되는 경험을 통해서 아이는 자신이 해도 되는 것과 하면 되지 않는 것들을 배워나간다.

둘째, 이런 경험에서 '잘했다, 멋지다.' 등의 결과가 아닌 '애썼네, 수고했네, 애쓰고 있네.' 등 과정에 대해 칭찬을 해주어 성취 동기를 북돋아주는 것이 중요하다. 과정의 중요성을 부모들도 잘 알지만, 부모들은 마지막에 보이는 결과에 더 초점을 맞춘다. 왜냐하면, 훨씬 더 편하기 때문이다.

셋째, 실패 상황에서 애정 어린 마음으로 대해주어야 한다. 잘했을 때 칭찬은 누구나 쉽게 할 수 있다. 하지만 주도성에 있어서 중요한 것은 아이가 하고자 한 것이 뜻대로 되지 않았을 때 부모의 반응과 격려이다. 무엇보다 실패에 너그러워야 한다. 그래야지만 아이는 스스로 힘으로 더 많은 것에 도전해보기를 두려워하지 않는다. 특히 아이가 스스로 선택해서 하는 행동이 마음에 들지 않더라도 간섭하거나 핀잔주지 말아야 한다. 아이도 자신이 선택한 것이 마음에 들지 않고 잘못되었다고 생각할 수 있다. 이것도 하나의 과정이다. 다음번에는 더 많이 생각한 후 결정해서 행동할 것이다.

넷째, 부모가 공감적인 태도를 보여야 한다. '혼자서 장난감 정리를 다 해서 뿌듯하겠네!', '레고로 멋진 성을 만들고 싶었는데 생각처럼 안 되었구나!' 등 부모의 시각에서 잘하고 못한 것이 중요한 것이 아니라, 아이의 시각에서 함께 그 상황을 느껴주는 것이 중요하다.

마지막으로 아이의 주도성을 위해서는 적절한 거리를 유지해주어야 한다. 길가에 있는 가로수도 스스로 잘 성장하려면 나무 사이에 6~8m 정도의 거리가 필요하다. 그래야 나무들이 햇볕도 바람도 잘 받고, 가지도 편안하게 뻗을 수 있어 자신이 원하는 만큼, 원하는 방향으로 잘 성장할 수 있다. 아이의 주도성도 마찬가지다. 부모가 아이와 늘 함께하며 일거수일투족을 간섭하면 아이는 자신이 무엇을 원하는지, 어떤 것을 해보고 싶은지를 생각해볼 기회조차 얻지 못한다. 아이가 스스로 생각하고 선택할 수 있도록 적절한 거리를 유지하는 것도 중요하다. 단 적절한 거리를 두다 아이가 도움을 요청하면 그에 맞는 도움을 주는 것 또한 필요하다.

이러한 과정을 통해 주도성이 발달한 아이는 스스로 더 많은 것을 시도해보려 하고, 그 과정에서 필요한 도움이 있으면 그것 또한 기꺼이 받아들인다. 자신이 도움을 기꺼이 받아들이는 것처럼 다른 사람의 도움 요청에 흔쾌히 도움을 주어, 친구들과 협동도 잘하며, 더 좋은 관계를 유지한다. 그리고 자신이 한 일의 결과를 예측하기가 쉬워지며, 다음에 무슨 일을 할지 생각하는 능력도 가질 수 있게 된다.

주도성 없이 성장하면 분명 대가를 치르게 된다. 나이가 들어가도 스스로 하려 하지 않고 손 놓고 있는 모습을 많이 보게 될 것이다. 머리로 알고, 마음으로 다짐을 해도 유아기 시절 스스로 몸을 써서 해본 경험이 부족하다 보니 자신의 몸을 자기 마음대로 움직이지 못하게 된다.

유치원 다닐 때 가방 하나 들어주는 데 뭐 그리 큰 의미를 두냐고 의문을 가질 수 있다. 하지만 유치원 가방 하나 들어주는 경우 다른 것은 어떨까? 큰 둑도 바늘구멍으로부터 무너진다. 어떤 이유에서건 부모가 대신해주는 것이 습관이 되면 각오해야 한다. 유아기에 자신의 가방을 들지 않은 아이들은 부모가 해주기를 바라고 무분별하게 도움을 요청할 가능성이 크다. 그러하기에 지금부터라도 아이의 가방은 아이가 들고, 부모의 가방은 부모가 들면 된다. 그러면 성장하면서 자신에게 주어지는 자신의 몫은 짊어지고 해결해나간다. 물론 도움이 필요하다면 부모에게 손을 내밀 것이다. 하지만 무분별하게 도움을 요청하진 않을 것이다. 아이들은 자기 스스로 자신의 삶을 살아갈 수 있는 역량이 필요한데 이것은 유아기의 자율성과 주도성에서부터 출발한다.

유아기 때의 주도성은 애착, 자기 표상, 자율성과 함께 아이의 한평생을 좌우하는 뿌리이다. 현재 아이가 이해하기 어려운 모습을 보인다면 영유아기의 애착, 자기 표상, 자율성, 주도성 형성 과정을 되돌아볼 필요가 있다. 그러니 유아기에 아이의 자율성과 주도성을 방해하지 말기를 간곡히 부탁한다. 아이에게 스스로 선택하고 스스로 행동하고 스스로 그 결과에 대해 책임질 기회가 주어져야 한다. 그때 부모는 일관성 있는 태도를 보이며 아이를 믿고 기다려주고, 칭찬과 격려로 용기를 북돋아주면 된다. 그다음은 아이의 몫으로 넘겨주어야 한다.

이 책을 읽는 분들이 걱정되고 당황스러울 수 있다. 우리 아이는 이미 유치원생도 아닌 초등학생, 중 · 고등학생, 아니 성인인데 하면서. 과연 어떻게 해야 할까? 지금부터라도 아이가 해야 할 몫은 아이에게 넘겨주면 된다. 아이가 좋아서 하는 것이든, 아이가 좋아하진 않지만 해야 하든, 어려워하는 것이든 아이가 하도록 기회를 주고 기다려야 한다. 늦었지만 유아기 때로 돌아가서 다시 시작한다는 마음으로 스스로 할 수 있게 해야 한다. 그리고 무턱대고 "지금부턴 네가 다 알아서 해!"가 아니라 아이가 이해할 수 있도록 친절한 설명과 대화도 필요하다. 지금부터라도 스스로 해보는 기회를 주지 않으면 그 끝이 어디일지 모른다. 늦었다고 생각되는 지금이 아이가 스스로 할 수 있는 최적기이다. 분명 처음에는 서툴고 미숙할 것이다. 그렇다고 '내가 하고 말지. 해주다 보면 언젠가는 하겠지.' 이런 생각으로 해주면 안 된다. 스스로 하도록 기다려야 한다. 언제까지? 아이가 스스로 자신의 몸을 써서 움직일 때까지.

■ 생각 나누기 ■

아이가 스스로 했으면 하는 것은?

아이가 스스로 하고 싶어서 하는 것도 있지만 부모 입장에서 아이가 스스로 해주었으면 하는 것도 분명히 있다. 아이가 스스로 했으면 하는 것에 대해 생각을 나누어보자.

▶ 아이 스스로 했으면 하는 것은?

▶ 이유

바쁜 아침 시간, 아이와 엄마가 실랑이를 벌입니다.

"춥다. 두꺼운 윗도리 입어라."

"난, 답답하고 더워서 싫어."

"덥기는 뭐가 더워? 날씨가 이리 추운데."

아이와 엄마의 표정이 점점 굳어갑니다.

"감기에 걸리든지 말든지 네 마음대로 해."

어젯밤 엄마의 다짐은 어디로 갔는지…….

또 실랑이를 벌이며 서로의 마음에 상처를 남깁니다.

가능하다면 아이의 선택을 존중해주세요.

그러다 보면 아이는 스스로 조금씩 더 나은 선택을 하게 될 것입니다.

한 번에 되는 것은 없으니까요.

4

되는 것과 안 되는 것을 알려주세요

부모교육에서 아이에게 말로 하는 훈육이 통하는 나이가 언제까지라고 생각하는지에 관한 질문을 한다. 그러면 돌아오는 대부분의 대답은 '열 살 미만이다.'라고 한다. 해가 갈수록 나이가 낮아져 이젠 초등학교 1학년 2학기만 되어도 말로 하는 훈육이 통하지 않을 때가 많다고들 한다. 말로 해서 훈육이 통하지 않으면 어떻게 하는지에 관한 질문을 하면, 목소리가 점점 커지면서 더 강하게 화를 내는 경우가 많다는 대답을 듣게 된다. 목소리가 커지고 화를 내어서라도 아이들의 잘못된 행동이 변하기만 한다면 그래도 다행이다. 하지만 아이들의 행동 변화는 잠시 그 순간일 뿐 다시 제자리로 돌아온다. 왜 이런 상황이 반복되는 것일까?

요즘 층간소음으로 고통을 호소하는 집들이 많다. 윗집의 초등학교 3학년과 1학년 자매의 뛰는 소리와 밤낮없이 치는 피아노 소음으로 너무 힘들다는 50대 아버지의 이야기를 들을 수 있었다.

"벌써 9년째 층간소음으로 인한 불편한 동거를 하고 있어요. 도저히 참기 힘들 때는 찾아가서 이야기도 해보고, 관리실을 통해 부탁도 해보았으나 소용이 없습니다."

9년이란 시간 동안 왜 개선이 되지 않았는지를 물어보았다.

"물론 아이들 부모에게 부탁도 하고, 때로는 엘리베이터에서 아이들을 만나면 직접 이야기도 해보았으나 전혀 소용이 없어요. 이야기하면 부모도 아이들도 알았다고는 해요. 하지만 전혀 조심하지 않습니다. 더 큰 문제는 아이들이 뛰거나 피아노를 무분별하게 치면 부모가 아이들에게 그렇게 하면 안 된다는 것을 알려주어야 하는데 전혀 그렇게 하지 않는 것 같아요. 그리고 초등학교에 가면 나아지겠지 생각했는데 그마저도 아닌 것 같습니다. 이젠 모든 마음을 내려놓았어요. 다만, 윗집 아이들이 타인을 배려하며 함께 사는 모습을 배우는 시기를 놓친 것 같아 안타깝습니다."

초등학교에 다니는 아이인데도 하면 안 되는 행동에 대한 조심성이 왜 없을까? 초등학교 1학년만 넘어가도 훈육이 통하지 않는 이유는 무엇일까? 그 이유는 다섯 살에서 여덟 살 정도가 이 세상을 살아갈 때 필요한 옳고 그름에 대한 마음을 받아들이고 형성하는 시기이기 때문이다. 그래서 아이에게 해야 하는 행동과 해서는 안 되는 행동에 관한 교육은 유아기에 이루어져야 한다.

하지만 안타깝게도 가정에서 이 시기에 이러한 교육이 이루어지는 경우를 그리 많이 볼 수 없다. 대체로 아이가 유치원을 다니는 이 시기에 부모는 아이로부터 약간의 자유를 맛보면서, 아이가 부모를 직접 불편하게 할 때만 그런 행동을 하면 안 된다고 한다. '개구쟁이라도 좋다. 튼튼하게만 자라다오!'라는 과거 광고 문구처럼 어떤 모습을 보여도 부모 자신에게 크게 직접적인 영향을 주지 않으면 대수롭지 않게 넘긴다.

특히 요즘은 아이가 하나 아니면 둘인 경우가 많은 것도 이유일 수 있다. 웬만하면 '오냐오냐'하기 때문이다. 그러다 보니 아이들이 사람으로서 갖추어야 할 됨됨이가 부족한 것이 현실이다. 위 사례의 경우 층간소음으로 인한 고통은 이사 가지 않는 이상 쉽게 해결되지 않을 것이다. 그리고 위층 자매 역시 가정에서 부모의 훈육이 통하지 않을 가능성이 크다. 초 · 중 · 고등학교에서 인성교육을 강조하고 실시하고 있으나 아이들의 모습에 반영되는 경우는 극히 드물다. 아이들이 해야만 하는 행동과 해서는 안 되는 행동에 대한 훈육이 유아기 시절, 가정에서 먼저 이루어지지 못했기 때문이다.

훈육하면 떠오르는 것이 무엇인가? 아마 '무섭다, 혼내는 것, 화, 체벌, 매, 생각 의자, 벌' 등 다양한 것들이 떠오를 것이다. 특히 부모 세대가 받았던 훈육의 모습을 생각하면 좋은 기억보다 나쁜 기억이 훨씬 많을 것이다. 그리고 부모인 내가 아이를 훈육하는 모습에서 과거의 좋지 않은 기억으로 남아 있는 훈육의 모습을 그대로 하고 있을 확률이 높다. 훈육이 왜 통하지 않고, 효과 없는 훈육을 계속하고 있는지에 관한 고민을 해야 한다.

그럼 훈육이 무엇일까? 훈육은 '품성이나 도덕을 가르치고 기르는 것'이다. 이를 통해 바람직한 인격을 형성하는 것이 주목적이다. 즉, 훈육이라는 것은 혼내는 것이 아니라 아이가 바람직한 행동을 할 수 있도록 알려주고 가르치는 것이다. 허용되는 것과 허용 안 되는 것의 기준을 알려주고, 아이가 생활 속에서 그 기준을 적용할 수 있도록 가르쳐주는 것이다. 무섭게 겁을 주고 혼을 내는 것이 아니다. 바람직한 행동에 관한 관심과 칭찬도 훈육이며, 기다려주는 것도 훈육이다. 이러한 훈육을 통해 아이들은 조절 능력도 배운다. 이를 통해 자신의 행동을 알고 책임지며 책임감 있는 사회구성원으로 성장할 수 있다.

만약 길을 가다 동생과 싸우고 있는 옆집 아이를 본다면 어떻게 할까? 아마 모르긴 몰라도 아주 친절하고 부드러운 목소리로 동생과 싸우지 말고 집에 들어가라고 말을 할 것이다. 그리고 집에 왔는데 우리 집 아이들이 서로 싸우고 있다면 어떻게 할까? 이 역시 모르긴 몰라도 언성부터 높아지면서 부정적인 말을 아이들에게 쏟아낼 가능성이 크다. 이렇게 언성을 높이고 부정적인 말을 쏟아낸다고 해서 아이들이 해서는 안 되는 행동을 그만두지는 않는다.

훈육은 어떻게 하여야 할까?

첫째, 아이의 잘못된 행동으로 훈육할 상황이 생기면 부모가 먼저 정신 차려야 한다. 아이의 행동을 보고 부모의 감정이 올라와 있는 상황에서는 결코 올바른 훈육이 될 수 없다. 그래서 먼저 부모가 자신의 감정을 추슬러야 한다. 그렇지 않으면 아이는 부모의 감정 쓰레기통이 될 수 있다. 훈육에 있어 가장 중요한 것은 부모의 감정 조절이다. 부모가 자신의 감정을 추스르지 못하고 흥분된 목소리와 표정으로 아이에게 다가간다면 문제의 본질은 어디론가 사라지고 부모와 아이 사이에 훨씬 더 깊은 갈등의 골이 생길 수 있다.

둘째, 아이의 잘못에 초점을 맞추는 것이 아니라, 아이의 마음을 먼저 들여다보아야 한다. 부모가 자신의 감정을 먼저 조절하여야 하듯이, 어떤 형태로든 감정이 올라와 있을 아이의 감정을 먼저 알아주어 아이가 감정을 추스를 수 있도록 하여야 한다. 만약 아이의 마음을 보듬어주지 않고 잘못한 행동에 관한 지적만 한다면, 반성이나 배움이나 깨달음이 들어갈 자리는 없다. 아이는 다음번에 더 큰 저항의 모습을 보일 것이다. 아이의 마음을 먼저 알아주어 아이 마음의 억울함, 원망, 분노, 놀라움, 슬픔 등의 감정을 먼저 내보내는 것이 효과적이다. 결국, 아이 행동에 대한 냉정함이나 엄격함보다 아이의 마음을 먼저 알아주고, 다독여주는 것이 필요하다.

셋째, 아이에게 안 되는 건 안 된다, 되는 건 된다고 단단하게 말해주어야 한다. 아이의 감정은 알아주되 행동의 잘못은 알려주어야 한다. 금지하거나 반드시 해야 할 것은 부탁이 아니라 간결하고 단호하게 말해야 한다. 협조를 구해서도 안 된다. 그리고 한꺼번에 많은 것을 지시하면 안 지켜질 가능성이 크다. 쉽게 실천할 수 있는 것부터 일러주는 것이 효과적이다.

특히 아이의 눈을 바라보며 꼭 지켜야 할 것이 무엇인지를 따뜻하고 단단하게 알려준다면 아이는 스스로 앞으로 어떻게 행동해야 하는지를 먼저 알고 말을 할 것이다. 사랑하는 아이의 눈을 따뜻하게 바라보며 부드럽고 단단하게 말을 하면 아이는 부모의 말을 잔소리로 여기지 않고, 그 말을 듣고 싶은 마음이 생길 것이다. 이렇게 아이가 진심으로 깨달을 수 있도록 도와주는 것이 훈육이다.

넷째, 그런 다음 아이의 마음이 진정될 때까지 잠시 그 자리에 함께 머물러주면 된다. 만약 부모의 훈육이 성공했다면 아이는 제대로 가르쳐준 부모에게 감사한 마음이 생겨 미안함과 고마움을 표현할 것이다.

이러한 훈육은 유아기에 가장 효과를 발휘할 수 있고, 이것이 유아기 이후 아이 생활의 표본이 되는 것이다. 그러니 소리 지르거나, 분노하거나, 노여워하거나, 무섭게 하는 등의 감정 표출이 아니라 부모와 아이의 감정을 서로 표현하면서 일관성 있는 기준을 말해주어야 한다. 일관성 있는 기준을 잣대로 훈육하는 것이 중요하다. 부모가 기분이 좋을 때는 그냥 넘겨주고, 부모의 마음이 불편할 때만 아이의 행동에 관한 훈육을 한다면 그 훈육은 절대 통하지 않는다. 오히려 눈치 보는 아이로 자라게 할 가능성이 있다. 아이에게 일관성 있는 기준을 가지고 훈육을 하면 아이는 예측이 가능해져서 조절 능력을 배우게 된다. 아이의 마음을 알아주고 일관성 있게 기준을 알려주었다면 훈육은 반드시 효과를 얻는다.

그리고 또 한 가지 중요한 것은 훈육이 통하려면 충분한 사랑이 우선

되어야 한다. 아이들은 사랑의 마음이 담겨 있지 않은 훈육은 받으려 하지 않는다. 받아들이는 척할 뿐이다. 결국, 아이에게 부모의 훈육이 통하려면 아이가 부모의 사랑을 충분히 느끼고 있어야 한다.

■ 생각 나누기 ■

내가 받았던 훈육은? 내가 하는 훈육은?

훈육을 긍정적인 요소로 생각하는 사람은 많지 않다. 왜 그럴까? 본인이 받았던 훈육이 그러했기 때문일 가능성이 크다. 부모인 내가 부모로부터 받았던 훈육은 어떠했는가? 부모인 내가 아이에게 하는 훈육은 어떠한지에 대해 생각을 나누어보자.

▶ 내가 받았던 훈육은?

▶ 내가 하는 훈육은?

아이에게 상처가 되는 말은?

명령, 지시 : 그만해! 하지 마! 빨리해!

경고, 위협 : 당장 그만두지 않으면…….

평가, 비판 : 도대체 생각이 있는 거야? 없는 거야?

당부, 설교 : 친구들과 사이좋게 놀아야지!

비교 : 옆집 철수는……. 동생 좀 봐라!

책임 전가 : 네 일이니까 네가 알아서 해!

4장

넓은 세상으로 첫발을 내딛는 아동기

아동기는 초등학교에 다니는 시기로 보통 4학년 정도까지로 생각한다. 아동기는 생활 영역이 가정을 벗어나 학교, 학원 등 또래 집단의 비중이 커지는 시기이다. 아동기의 에너지는 내부적으로 조작 능력을 획득하고 인지 발달을 위해 많이 사용된다. 유아기 동안 취득한 자율성과 주도성을 바탕으로 자신의 삶을 살아가는 데 필요한 것들을 스스로 습득해야 한다. 이를 통해 자신의 유능함을 경험하고, 관계성도 넓혀가야 한다. 아이가 초등학교에 들어가면 부모들의 불안은 더 커진다. 그 불안을 잠재우기 위해 학원을 비롯한 사교육으로 내몰려 아이들은 점점 지쳐가고 성취감보다는 실패와 열등감을 맛보고, 자존감을 잃어간다. 그러니 이 시기에 부모는 '격려자'가 되어야 한다. 아이가 잘했을 때는 칭찬을 듬뿍 해주고, 아이의 뜻대로 일이 되지 않았을 때는 격려도 잊지 않아야 한다. 도전과 격려를 통해 아이들은 자신을 찾아간다. 그 결과 아이들은 자신의 힘을 키우며 부모에게서 벗어날 준비를 한다.

슬기로운 부모생활

1

친구들과 놀고 싶어요

'놀이'하면 무엇이 떠오르는가? 부모들에게 있어 놀이란 무엇이었을까? 동네에서 친구들과 재미있게 놀았던 기억이 많을 것이다. 그 시절 놀이는 아이들의 모든 것이었고, 동네에서 친구들과 잘 놀았기에 부모들도 별 간섭없이 놀이를 인정했다.

요즘은 각 아파트나, 동네마다 놀이터가 있다. 하지만 그 놀이터에서 노는 아이들을 보기가 어렵다. 놀이터가 아니라 학원을 가야만 친구를 만날 수 있어 학원 다닌다는 이야기를 많이 듣는다. 친구, 놀이, 학원 어울리지 않는 세 단어의 조합이 아이들의 일상을 잘 보여주는 것 같다. 혹여 놀 시간이 있어도 부모의 허락을 받아야 한다. 그러다 보니 노는 게 노는 게 아니다. 진정한 놀이 없이 아동기를 보낸 아이들이 세상을 건강하게 살기란 쉽지 않을 것 같다. 이 시기 아이들은 놀이를 통해 삶의 기운, 소위 생기라는 것을 가져야 하는데 이를 허락하지 않는 것이다. 아이들은 잘 놀아야 잘 성장할 수 있다. 아이들의 놀이에 관한 선택권마저 부모가 빼앗은 이유는 아이를 위해서라는 전제하에 부모의 불안과 두려움 때문일 것이다. 아이들의 미래에 대해 막연히 불안해하지 말고, 아이들이 몸으로 놀 수 있는 시간과 놀이에 대한 선택권을 돌려주어야 한다.

놀 시간도 놀 친구도 없다며 울먹였던 초등학교 3학년 아이가 있었다.

"학원을 다녀오면 엄마가 숙제 먼저 하면 놀 수 있게 해준다고 해서 숙제를 먼저 해요. 하지만 숙제를 다 하면 저녁이 되어 나가서 친구들과 놀지를 못해요. 공부는 해도 해도 끝이 없고 너무 힘들어요. 할 수만 있다면 공부가 없는 세상에 가서 살고 싶어요. 친구들과 실컷 뛰어놀아 보고 싶어요."

아이는 해도 해도 끝이 없는 공부로 인해 스트레스를 많이 받는데, 놀지 못해 더 스트레스가 쌓인다며 눈물을 보였다. 이젠 함께 놀 친구가 없어 아무것도 하고 싶지 않다며 무기력한 모습을 보였다. 이런 경우 엄마는 할 공부를 빨리하고 놀면 되는데 아이가 스마트폰만 만지작거리며 공부에 집중을 못 해 노는 시간이 없는 것이라 한다. 아이는 엄마 때문에 놀지 못한다고 하고, 엄마는 아이가 제대로 공부를 못 해 노는 시간이 없는 것이라고 서로 탓을 한다.

아이들에게 놀이에 대해 하고 싶은 말을 물으면 어떤 소망을 이야기할까? '더 놀고 싶다.', '낮엔 실컷 놀고 싶어요.', '놀고 난 뒤 숙제하고 싶어요.', '맘껏 놀아봤으면 좋겠어요.' 등 놀고 싶은 마음을 말할 것이다. 학교와 학원을 오가는 사이 짬을 내서 놀다 보니 아이들은 놀이에 대해 갈증을 느낀다. 그리고 안전하게 놀 장소도 많지 않고, 학원 다니느라 친구들과 어울려 놀기란 하늘의 별 따기이다.

그래서 요즘 아이들은 스마트폰과 게임에 쉽게 빠진다. 가장 쉽게 접할 수 있고 짧은 시간을 들여 성취감을 맛보는 것이 스마트폰과 스마트폰 속의 게임이나 영상들이다. 친구와 놀더라도 스마트폰 속에서 만나 논다. 물론 세상의 변화로 스마트폰을 비롯한 디지털 기기는 우리 삶에서 떼려야 뗄 수 없다.

하지만 우리의 삶에 필요한 도구라 하여 무분별하게 사용해도 된다는 것은 아니다. 특히 자율성과 주도성으로 자기 조절력이 갖추어졌다면 문제는 다르다. 하지만 자율성과 주도성이 잘 갖추어지기 전에 스마트폰의 세계에 빠졌다면 이후 아이와 부모와의 갈등은 생각보다 큰 파장을 경험하게 된다. 아이들을 무분별하게 접하는 스마트폰으로부터라도 벗어나게 하기 위해서는 몸으로 놀 수 있는 시간과 놀이에 대한 선택권을 돌려주어야 한다. 부모가 아이와 함께 아이가 원하는 놀이를 한다면 금상첨화이다.

다행히 2020년 12월 22일 서울시의회에서 '서울특별시 아동의 놀이권 보장을 위한 조례안'이 본회의를 통과하였다. 놀이권 보장을 위한 총 15개의 조문으로 놀이는 아동이 누려야 할 명백한 권리라는 것을 이야기하고 있다. 하지만 전국 지자체가 아닌 서울시에서만 이러한 조례가 만들어진 것은 아쉽다. 첫술에 배가 부를 수 없듯이 이를 계기로 전국으로 확산되기를 바란다. 그리고 무엇보다 문서상의 조례안으로만 남을 것이 아니라 아동들의 생활에 직접적인 영향을 미치길 바란다.

그럼 놀이를 통해 아이들이 체득할 수 있는 것은 무엇일까?

첫째, 놀이는 몸을 골고루 자라게 한다. 놀이를 통해 많은 활동을 하다 보면 아이들의 몸은 각 부분이 골고루 발달한다. 근육과 뼈 등 몸의 각 부분이 자리를 잡아가는 시기에 놀이를 통해 활발히 움직이고 단련하다 보면 자연스럽게 몸이 골고루 발달할 수 있다.

둘째, 놀이를 통해 사회성을 기를 수 있다. 아이들은 친구들과 함께 놀면서 상대를 받아주고, 양보하고, 차례를 지키고, 약속을 지키는 등의 소중한 경험을 한다. 그리고 함께 잘 놀기 위해서는 친구의 생각을 잘 이해하고, 더불어 자기 생각을 친구에게 잘 전달하는 방법도 터득하게 되어 사회성을 기를 수 있다. 놀이 규칙을 통해 도덕적 기준도 자연스럽게 배우게 된다. 아이들은 놀이를 통해 친구들과 협동도 하고, 경쟁하며 싸워보기도 하면서 사회적 인간으로 성장하는 것이다. 요즘 사회성이 부족해 친구 사귀기 훈련까지 받는 아이들을 생각하면 안타깝다. 심심하면 친구들과 함께하는 놀이를 생각하고, 친구들과 함께 놀면서 함께하는 방법을 저절로 터득할 수 있으면 좋겠다. 아이들의 사회성은 친구의 힘이라 말하고 싶다. 아이들은 친구의 힘으로 서로 바르고 성숙하며 밝은 모습으로 성장할 수 있다.

셋째, 놀이를 통해 긍정적인 자아상을 가지며, 심리적 안정을 가져올 수 있다. 아이들의 실제 생활에서 충족되지 못한 욕구와 소망은 놀이를 통해 충족될 수 있다. 형제 자매간의 불만이 놀이를 통해 해소될 수 있고, 야단을 맞거나 속상한 일이 있어도 친구들과 놀다 보면 언제 그랬느냐는 듯 행동할 수 있는 것은 놀이를 통해 심리적 안정감을 찾았기 때문이다. 그리고 놀이를 하며 스스로 놀이 계획도 세우고, 진행하고, 마무리하는 전체 과정을 진행해보면서 문제 해결 능력과 감정 조절, 회복 탄력

성 등을 기르는 동시에 긍정적인 자신을 되돌아보는 기회가 된다.

넷째, 놀이는 창의성을 자극하고 길러준다. 아이들은 노는 동안 스스로 많은 것을 터득한다. 아이들은 블록을 이용해 다양한 건물도 만들어 보고, 일상생활에서 볼 수 있는 사물을 직접 만들어볼 수 있다. 상상했던 모습들을 마음껏 표현할 수 있다. 이는 놀이를 통해 자신만이 생각한 세상을 만들 수 있는 창의성과 상상력을 발휘하는 것이다. 친구와 함께 협동심을 기르고, 세상을 표현할 줄 아는 방법도 터득하게 되는 것이다. 비눗방울 놀이를 하다 무지개를 발견하고, 그림자놀이를 통해 빛의 성질을 이해하게 된다. 아이의 창의성은 가르쳐서 되는 것이 아니라 놀이를 통해 스스로 깨닫는 과정에서 생겨날 가능성이 크다.

친구와의 놀이는 학교나 가정에서 경험할 수 없는 것을 경험할 기회로 다양한 생각을 하게 하며 사고의 주인으로 자라날 수 있게 한다. 그리고 놀이 속에 숨어 있는 사람에 대한 존중, 사랑, 배려, 공동체에 대한 철학도 경험할 수 있는 소중한 보물이다.

아이들의 하루를 다시 돌아보자. 아이가 몸을 써서 친구들과 가족과 어울려 놀 수 있는 시간이 얼마나 되는지 챙겨볼 필요가 있다. 아이가 친구들이나 가족과 어울려 함께 노는 시간은 공부를 방해하거나 불필요한 시간이 아니다. 아이가 건강한 몸과 마음을 가지고 타인과 함께 건강하게 잘 성장하기 위해서는 꼭 필요한 시간이다.

■ 생각 나누기 ■

아이의 하루 중 넘치는 것과 부족한 것은?

아이들은 하루 중 해야 할 것도 하고 싶은 것도 많다. 하지만 정해진 시간을 효율적으로 잘 사용하는 경우는 드물다. 아이의 하루 중 넘치게 하는 것은 무엇이고, 부족하게 하는 것이 무엇인지에 대해 생각을 나누어보자.

▶ 하루 중 넘치는 것은?

▶ 하루 중 부족한 것은?

▶ 이유

내 아이가 좋은 친구를 만나기를 바라시나요?

내 아이가 나쁜 친구를 만날까 걱정되시나요?

내 아이가 먼저 좋은 친구이면 어떨까요?

2

잘하는 것을 알고 싶어요

아동기에는 놀이만큼 다양한 경험도 중요하다. 하지만 아이들의 현실은 어떠한가? 아침에 눈을 떠서 밤에 잠들 때까지 학교를 비롯해 학원, 학습지 수업 등 빼곡히 짜인 하루를 소화하러 뛰어다니느라 바쁘다. 아이들이 원하든 원하지 않든 그건 큰 이유가 되지 못한다. 제대로 놀아보지 못하고 학교와 학원을 순례하며, 기껏해야 TV를 잠시 보거나, 스마트폰에 몰입한다.

자신이 무엇을 원하는지는 자신 있게 말하지 못해도 부모가 원하는 것이 무엇인지는 잘 아는 아이들이다. 친구들과 수다 떨기, 공 차기, 노래

부르기 등등 공부 이외의 재미있고 관심이 가는 것을 해보고 싶지만 그럴 수 없는 것이 아이들의 현실이다.

이런 아이들에게 부모들은 너무 인색하다. 아이들이 자신의 욕구도 포기한 채 무엇인가를 하면 돌아오는 반응은 '좀 더 잘해라!'라는 당부와 '왜 이렇게밖에 하지 못했냐?'라는 질책이 더 많다.

물론 부모들의 마음은 언제나 하나이다. 아이가 걱정되어 좀 더 잘했으면 하는 것이다. 하지만 아이들에게 주어지는 당부나 질책은 아이들에게 '좀 더 잘해보아야겠다!'라는 힘이나 용기를 주는 것이 아니라 '아, 나는 해도 안 되는 건가?' 하는 자신에 대한 불신을 생기게 한다. 그러다 그 불신이 점점 더 쌓이면 무기력한 모습을 보이게 되는 것이다.

부모가 원하는 것처럼 아이들이 잘할 수 있도록 하려면 어떻게 해야 할까? 그건 '격려와 지지'이다. 한때 '칭찬은 고래도 춤추게 한다!'라는 말도 있었을 만큼 칭찬은 아이들을 움직이게 하는 원동력이 될 수 있다. 그러나 아이들에게 더 필요한 것은 '격려와 지지'라 생각한다. 칭찬은 무엇인가를 잘했을 때만 가능한 것이다. 하지만 아이들에게 누군가의 응원이 더 필요한 경우는 자신이 하는 것이 뜻대로 되지 않았을 때이다. 이때 아이를 격려하고 지지해주는 것이 필요하다.

행동의 주체는 아이이고, 부모는 아이의 뒤에서 격려와 지지를 해주면 된다. 그러면 아이는 자신이 원하는 방향을 찾아내어 자신의 삶을 가꾸어갈 수 있다. 그럼 아이들이 행동의 주체가 되어 자신의 삶을 가꾸어 가는 데 필요한 것은 무엇일까?

그것은 아이들 스스로가 다양한 경험을 통해 자신이 좋아하는 것, 잘하는 것, 그를 통해 자신이 원하는 것이 무엇인지를 알아가는 것이다. 하지만 부모의 통제와 지시로 짜인 일상 속에선 아이들이 자신이 원하는 것이 무엇인지를 알아가기는 어렵다.

지금은 많은 변화를 추구하고 있으나 우리가 처한 교육 현실에서 아이들 개개인이 자신이 원하는 것을 찾고, 그것을 추구해가기에는 한계가 있다. 같은 것을 같은 방식으로 배우는 획일적인 방식과 누가 더 암기를 잘해 하나라도 더 정답을 찾느냐를 중시하는 방식으로는 아이들은 자신을 찾아갈 여유가 없다.

그리고 시험 점수를 잘 받으면 모든 것이 다 통하다 보니 영유아기의 이야기에서도 언급했듯이 몸을 쓰고 마음을 써서 알아가야 하는 것이 많음에도 불구하고 머리만 키우는 것에 몰두하는 실정이다. 이러한 현실의 변화 없이 아이들이 자신은 무엇을 좋아하고, 무엇을 원하고, 어떤 방향으로 나아가야 할지를 아는 것은 어렵다.

지금은 고등학생이지만 중학교 2학년 때 아들의 공부가 걱정되어 상담실을 찾아온 어머니가 있었다. 초등학교 때부터 집중력도 부족하고 학교 공부를 따라가기가 어려워 아들도 엄마도 아들의 공부 앞에만 서면 고개를 숙이게 되었다고 한다.

"아들이 성격도 좋고, 친구도 좋아하고, 힘든 일도 스스로 도맡아 할 정도로 다른 사람을 생각하는 마음도 커요. 그런데 어릴 때 아토피를 앓으며 집중력에 문제를 보였고, 그로 인해 산만한 모습을 자주 보였어요. 학교 수업 시간에 오롯이 집중하는 것이 어려웠어요. 그러다 보니 점점 학교 공부가 뒤처졌고, 다른 아이들과의 격차도 점점 벌어졌습니다. 학원도 보내고 과외도 시켜보았지만, 기초가 없는 상태에서 벌어진 격차를 줄이기는 쉽지 않았어요. 그러니 아이의 자존감은 갈수록 떨어지고, 해보고 싶어 하는 것도 없었습니다."

그렇게 어머니와 아들은 중학교 2학년이 되도록 부족한 공부를 어떻게 하면 따라갈 수 있을까를 고민하고 그 해결 방법만을 찾던 중 상담실까지 오게 되었다고 했다. 어머니와 아들에 관한 다양한 이야기를 나누었다. 그러던 중 아들의 아토피도 많이 좋아졌고, 밖에서 활동하는 것을 좋아한다고 하였다. 특히 부모와 함께 자전거 타는 것과 캠핑 가는 것을 좋아한다는 이야기를 들었다.

그래서 어머니께 아들이 꼭 공부를 잘하기를 원하는 것인지, 아니면 아들이 원하고 잘할 수 있는 것을 찾고 싶은 것인지 조심스럽게 물어보았다. 어머니는 꼭 공부가 아니더라도 아들이 잘할 수 있고 좋아하는 것을 찾을 수 있으면 좋겠다고 하였다. 그 이후 아들은 사이클 자전거를 타고 있다. 그냥 취미로 타는 것이 아니라 사이클 선수가 되기 위해 노력을 하고 있다. 부모가 뭐라고 하지 않아도 알아서 자전거를 타고, 공부도 꼭 해야 하는 과목은 최선을 다해 노력하는 중이다.

이런 변화의 중심에는 기성사고를 버리고 새로운 사고를 받아들이려는 부모들의 의식 변화가 절실하다. 그리고 세상 변화에 대해 부모도, 아이도 잘 알아야 한다. 앞으로 세상은 머리만 좋다고, 공부만 잘한다고 되지 않는다. 그건 부모들이 살아온 세상에서만 통했던 방법이라는 것을 인지해야 한다. 사람은 똑같지 않고, 똑같을 수도 없다. 가진 능력과 강점이 다양하다. 그래서 아이들의 개인차를 인정하고, 자신을 찾을 수 있도록 도와주어야 한다.

아이들의 강점을 알아볼 수 있는 이론은 다양하나, '다중지능이론

(Theory of Multiple Intelligence)'에 관해 이야기하고자 한다. 다중지능 이론은 하워드 가드너(Howard Earl Gardner, 1943~)가 1983년 『마음의 틀(Frames of Mind)』에 최초로 소개한 이론이다. 이 책에서 하워드 가드너는 IQ를 비판하면서 다중지능이론을 소개했다. 인간에게는 다양한 능력이 있으며, 자신의 강점 지능을 발휘하면 성공적인 삶을 살 수 있다고 하였다. 처음에는 음악 지능, 신체 운동 지능, 논리수학 지능, 언어 지능, 공간 지능, 인간 친화 지능, 자기성찰 지능 등 일곱 가지를 이야기하였고, 추후 자연 친화 지능을 추가하였다.

이처럼 사람에게는 언어 지능이나 논리수학 지능만 있는 것이 아니라 다양한 강점 지능이 있다. 결국, 초등학교 시절 좋은 점수만을 위해 다람쥐 쳇바퀴 돌 듯이 학교와 학원을 비롯해 공부에만 매달리는 것은 아이들을 위해서도 부모들을 위해서도 바람직하지 않다. 이 시기에 필요한 것은 부모들 마음의 여유와 아이에 대한 세심한 관찰과 아이들이 다양한 경험을 통해 자신이 좋아하는 것과 잘하는 것을 찾아 알아가는 것이다. 그러면 아이들 자신이 원하는 분야의 학습 동기도 저절로 생겨날 것이다.

1. 언어 지능

말하기, 글쓰기 등 언어를 이해하고 적절하게 표현하고 사용하는 활동과 관련이 있다. 언어 지능이 높은 사람은 다른 사람보다 외국어에 흥미를 느끼거나 습득 속도가 빠를 수 있다. 또 언어 표현이 재치 있고 전달력이 높아서 사람들이 즐거움을 느끼고, 이해하기 쉽다.

2. 논리수학 지능

수학적 계산 능력, 올바르게 사고하고 추론하여 문제를 해결하는 능력을 포함한다. 논리수학 지능이 높은 사람은 계산 속도가 빠르고, 복잡한 수학 문제를 푸는 과제에서도 강한 자신감을 보일 수 있다. 문제가 일어난 상황에서 다양한 경우의 수를 고려하여 결과를 예측하여 최적의 방안을 선택할 수 있는 능력이 뛰어나다.

3. 공간 지능

길, 건물의 위치 등 공간을 인식하고 다양한 색과 재료를 사용하여 2차원 또는 3차원 이미지를 창의적으로 구현하는 능력이다. 공간 지능이 높은 사람은 자기만의 개성이 담긴 미술 작품을 내놓아 사람들을 깜짝 놀라게 만들기도 한다. 이미지를 잘 기억하는 편이어서 색연필, 찰흙 등 다양한 재료로 재현해낼 수 있는 능력이 뛰어나다.

4. 신체 운동 지능

신체 전체 또는 일부분의 움직임을 통제하고 조절하는 능력과 관련이 있다. 신체 운동 지능이 높은 사람은 몸의 움직임이 민첩하고, 순발력이 있으며, 유연성 지구력 등 기초적인 체력이 좋은 편이다. 그리고 운동기구를 사용하는 방법이나 일정 과제를 효과적으로 수행하기 위한 운동 기술을 빠르게 익히는 능력이 뛰어나다.

5. 음악 지능

소리와 박자의 변화에 민감하게 반응하고 연주나 작곡 등의 활동과도 연관이 있다. 음악 지능이 높은 사람은 노래의 음정과 리듬을 정확하게 기억하고 곡의 분위기를 살려 연주하거나 노래해 사람들에게 감동을 줄 수 있다. 작곡이나 창작 활동에 두각을 나타내기도 한다

6. 자연 친화 지능

동물과 식물에 대한 지식 정도와 물리, 날씨 등 자연을 활용하는 활동과 관련이 있다. 자연 친화 지능이 높은 사람은 새로운 기후와 환경에서도 적응이 빠르고 자연환경을 활용하여 필요한 것을 만드는 능력이 뛰어나다. 관찰하고 자연이 움직이는 원리를 아는 것에 흥미가 높다.

7. 인간 친화 지능

다른 사람의 표정과 몸짓으로 상대방의 기분, 의도 등을 추측하여 상대방을 설득하거나 갈등을 조정하는 능력과 관련이 있다. 인간 친화 지

능이 높은 사람은 협동심이 강하고 사람들과 좋은 관계를 유지할 수 있는 사회적 기술이 뛰어나다. 주변 사람들에게 영향력 있는 사람으로 인식되고 갈등이나 문제를 해결해주는 능력이 뛰어나다.

8. 자기성찰 지능

자기감정, 욕구 등을 올바르게 이해하고 자기의 행동과 감정을 적절하게 조절하고 통제하는 능력이다. 자기성찰 지능이 높은 사람은 자기의 장점, 단점 욕구 등을 바로 인식하고 있어서 목표 의식이 뚜렷하고 자율적으로 행동할 수 있다. 스트레스 상황에서도 자기의 감정과 행동을 잘 다스리고, 인내력이 뛰어나다. 특히 자기성찰 지능이 높으면 다른 지능과 결합하여 능력을 극대화할 수 있는 지능이다.

아이들의 모습은 다 다르다. 가진 것도 다 다르다. 그런데 가정에서도 학교에서도 아이들을 향해 똑같은 모습이기를 원한다. 모두 다 대세를 따라 네모가 되라고 한다. 하지만 아이들은 별, 원, 하트, 세모, 반달, 마름모 등 다 각자의 모습을 가지고 있다.

다만 이것을 밖으로 표현하지 못하고, 부모나 세상이 원하는 모습으로 살아간다. 이제 아이들에게 자신의 모습을 찾을 수 있도록 해주어야 한다.

네모로 한 줄을 세우지 말고, 각자의 모양으로 모두 앞에 설 수 있도록 해주자. 부모들이 먼저 아이들의 모습을 인정하면 아이들이 행복하게 자신의 모습을 드러낼 수 있다.

■ 생각 나누기 ■

아이의 높은 지능 3가지는?

한 줄 세우기의 시대는 저물었다. 자신의 강점을 앞세워 모두가 앞자리에 설 수 있다. 여덟 가지의 다중지능 중 우리 아이에게서 높게 보이는 지능 세 가지가 무엇인지에 대해 생각을 나누어보자.

▶ 높은 지능

▶ 이유

아이가 무엇에 관심이 있는지

아이가 무엇을 좋아하는지

아이가 무엇을 잘하는지

아이가 무슨 생각을 하는지

아시나요?

3

공부는 기초공사가 필요해요

아동기는 공부에 관한 기초공사를 하는 시기이다. 하지만 아이들은 아동기가 되기 이전 이미 공부에 관한 여러 기억이 있다. 특히 한글과 숫자를 익혀야 했던 순간부터는 좋은 기억보단 힘들었던 기억이 더 많다. 그러다 보니 정작 공부라는 것을 시작해야 하는 아동기에 공부 때문에 부모와 갈등을 겪는다.

먼저 '공부'하면 무엇이 떠오르는가? 부모들에게서는 '힘들지만 해야 하는 것', '대학', '취직', '미래' 등의 대답을 들을 수 있다. 부모들은 힘든 것이지만 미래를 위해 의지를 갖고 힘들어도 꾹 참고해야 하는 것이 공부라 말한다. 아이들은 어떨까? 아이들도 자신의 미래를 위해서는 공부를 해야 한다는 사실을 안다. 그리고 그 누구보다 잘하고 싶어 한다. 하지만 '힘들다', '싫다', '어렵다', '지겹다', '잔소리', '차별' 등 부정적인 표현을 훨씬 더 많이 한다. 그러면서 공부를 해야지 생각하다가도 안 하게 된다는 것이다.

이미 중학생이 된 아이가 초등학교 3학년 때 엄마와 함께 찾아왔을 때가 생각난다. 위로 언니가 둘 있는 집의 막내였다. 부모가 맞벌이라 아이와 함께할 시간은 부족하지만, 공부만큼은 놓을 수가 없어 밤마다 실랑이를 벌이는 상황이었다. 학교 갔다 오면 풀어 두기로 했던 국어, 수학 등의 문제집이 그대로인 날이 더 많았다. 그래서 자기 전에 시키려고 하면 '졸리다', '어렵다', '힘없다' 등 이런저런 핑계를 대고 하지 않았다. 처음에는 좋은 말로 타일러도 보았지만 실랑이하는 시간이 길어지면서 결국 엄마의 목소리가 커졌다. '그렇게 하려면 학교 다니지 마!', '공부하기 싫으면 하지 마!' 등의 협박 아닌 협박을 했다. 아이는 한숨을 쉬고 눈물을 흘리다, 마지못해서 하는 척하며 하루를 마감했었다. 아이에게 학교를 다녀온 후 공부가 왜 하기 싫은지 물어보았다. 그랬더니 '해야 한다고 생각은 하는데….' 라고 말끝을 흐렸다. 아이와 엄마의 이야기를 들어보니 아이는 여섯 살 때부터 한글과 숫자를 익히기 위해 엄마와 매일 힘든 시간을 보내었다. 엄마는 조급했고, 아이는 따라가기가 힘들었다. 그러면서 '해야지', '할 거야'를 반복하면서 갈등의 골이 깊어진 것이다.

공부해야지 생각은 하는데 왜 공부가 뜻대로 되지 않았을까? 아마 지금도 이러한 상황을 경험하는 가정이 많을 것이다. 해야 하는지는 알지만, 마음처럼 되지 않는 이유는 아이들이 공부에 대한 마음이 상해 있기 때문이다. 공부에 대한 마음을 망치면 공부를 망치는 것이다. 즉 '공부 정서'가 나빠진 것이다. 공부 정서란 공부에 관한 정서적 경험의 반복으로 인해 쌓인, 공부를 떠올릴 때 느껴지는 고착된 정서 상태이다. 부모들은 아이가 공부해야 한다는 것에만 신경을 쓰지, 공부에 관한 아이의 마음은 그리 중요하지 않다. 하지만 공부를 계속할 수 있게 해주는 것은 공부에 관한 아이의 마음이다. 즉, 공부 정서가 중요한 것이다.

주변의 많은 아이는 초등학교도 가기 전인 유아기에 한글과 숫자를 익히면서 공부에 대한 마음이 상한다. 그러다 보니 원하지 않는 공부를 억지로 하게 되고, 실력은 늘지 않고, 그러니 성취감도 느끼지 못하고, 자신감은 점점 떨어지고, 이러한 상황들이 쌓이고 쌓여 공부에 대해 무기력해지는 것이다. 이렇게 공부에 대한 마음이 초등학교 입학 전부터 초등학교 저학년 때까지 상하는 경우가 대부분이다. 하지만 초등학교 2학년 정도까지는 특별한 경우를 제외하고는 문제가 두드러지게 보이지 않는다. 웬만하면 아이들은 참고 공부를 한다. 하지만 초등학교 3학년이 되면 문제는 달라진다. 배우는 내용도 어려워지고, 과목 수도 많아지고, 본격적인 평가가 이루어진다. 드디어 문제가 하나둘씩 불거져 나온다. 하지만 공부에 관한 문제는 훨씬 전부터 아이에게서 나타났을 것이다. 다만 부모들이 아이의 공부에 관한 마음이 망가져가는 것을 인지하지 못하다가 아이가 공부만 떠올리면 싫고 스트레스받는 상태가 되고 나서야 문제의 심각성을 알아차리는 것이다.

공부를 잘하는 아이가 되기 위해 가장 먼저 필요한 것은 공부에 관한 긍정적인 마음이다. 즉, 긍정적인 공부 정서를 기르는 것이다. 공부 정서가 나쁜 아이는 공부를 잘할 수 없다. 공부 정서가 망가진 상태에서 아이에게 공부를 강요하는 것은 밑 빠진 독에 물 붓기와 같다. 공부에 관한 마음이 망가지고 나면 아이가 노력한 만큼의 성과를 내기 어렵다. 결국, 부모들이 해야 할 첫째는 뭐니 뭐니 해도 아이가 공부에 대한 부정적인 정서를 갖지 않도록 도와주는 것이다.

'공부'는 무엇일까? 공부의 사전적 의미는 '학문이나 기술 등을 배우고 익히는 것'이다. 결국, 공부는 배우기만 해서는 안 되고 배운 것을 반드시 익혀야 한다. 익힘이 없다면 공부하였다고 말하면 안 된다. 그냥 배우기만 한 것이다. 그러면 배운 것을 익히는 아이들은 얼마나 될까? 그리 많지 않다. 부모들도 아이들도 학교를 다녀온 후 학원을 비롯한 사교육을 하면 배우고 익히는 것이 저절로 된다고 생각하는 것 같다. 하지만 학교와 학원 등을 다니며 계속 배우기만 하는 것이다. 한 귀로 듣고 한 귀로 흘리는 배움의 행위만 계속하는 것이다.

그럼 아이들이 공부를 제대로 하기 위해 기초공사는 어떻게 하여야 할까?

첫째, 배운 것을 스스로 자기 것으로 익히는 것이다. 배운 것을 '복습'해야 한다. 그래서 스스로 익히기 위한 공부 시간이 확보되어야 한다. 스스로 익히기 위한 공부 시간이 확보되지 않았는데 학원 가는 것은 무용지물일 가능성이 크다. 배운 것을 익히기 위해 스스로 지지고 볶는 시간이 반드시 있어야 한다. 그런데 아이도 경험이 없어 하기를 두려워하지만, 더 큰 문제는 부모가 이 시간을 보고 있지를 못한다. 스스로 어떻게 익혀야 하는지를 본 적도 배운 적도 없는 아이가 처음부터 만족할 만큼 해내기는 어렵다. 시간을 두고 시행착오를 거칠 수밖에 없다. 시행착오를 겪는 이 시간을 아이도 부모도 잘 견뎌야 한다.

그리고 학교에서 배운 것을 자기 것으로 익히기 위해서는 학교 수업 시간의 집중과 학교에서 배울 때 있었던 교과서가 중요하다. 매년 수능 점수가 발표되고 난 후 만점자나 고득점자들의 인터뷰를 보면 학교 수업과 교과서 위주로 공부하였다고들 한다. 과연 사실일까? 사람들은 그냥 하는 소리라 여긴다. 물론 만점자나 고득점자 중 사교육의 도움으로 된 예도 있겠지만 이 말은 사실이다. 그만큼 학교 수업 시간에 배운 것을 복습하는 습관이 쌓이면 엄청난 성과를 맛볼 수 있다. 그리고 학교 수업 시간에 선생님과 함께 배웠던 교과서를 반복해 익혀야 우리의 뇌는 반복했다고 인지한다. 맹목적으로 같은 단원의 문제집만 푼다든지, 학원 가서 같은 단원의 내용을 다시 배운다고 해서 반복했다고 인지하지 않는다.

만약 학원이나 다른 사교육을 병행하고 있다면 학교에서 배운 내용뿐만 아니라 학원이나 사교육에서 배운 내용도 익히면 된다. 하지만 학교에서 배운 것도 자기 것으로 익히기 힘든 아이가 한꺼번에 다 익히기란 쉽지 않다. 그래서 가장 먼저 학교에서 배운 것을 익힐 시간을 확보하는 것이 중요하다. 이렇게 해서 학교에서 배운 것을 익히는 것이 습관이 되면 더 확장해나갈 수 있다.

그리고 익힐 때 타이밍과 반복이 중요하다. 그날 배운 것은 그날이 지나기 전에 익혀야 한다. 헤르만 에빙하우스(Hermann Ebbinghaus)에 따르면 우리의 뇌는 무엇인가를 배운 후 10분이 지나면 망각이 시작되어, 1시간 후에는 50%를, 하루가 지나면 70%를 망각하게 된다. 이렇게 우리의 뇌는 망각이 일어나 배운 것을 저절로 장기기억으로 남기지 못한다. 하지만 아이들이 하는 공부는 단기기억이 아닌 장기기억으로 남아 있어야 한다. 결국, 단기기억을 장기기억으로 남기기 위해 배운 것을 반복적으로 익히는 것이 중요하다. 한마디로 초등학생 때부터 무조건 학원을 비롯한 사교육에 의존할 것이 아니라 가정에서 스스로 익히는 습관을 들이고 복습하는 것이 중요하다. 이것이 공부에 있어서 '자기주도학습'의 출발점이다.

둘째, 공부하는 이유가 분명해야 한다. 자기주도학습을 하는 아이들은 공부할 때 멍하니 있지 않다. 왜냐하면, 공부해야 하는 이유가 분명하기 때문이다. 하지만 많은 수의 아이들은 학교 수업 시간에도 그렇고, 학원이나 사교육을 받을 때도 멍하니 있다. 무엇을 왜 배워야 하는지 이유가 분명하지 않기 때문이다. 학교나 학원을 가는 이유로 가장 많이 하는 대답이 '그냥요!' 아니면 '엄마가 가라고 하니까요!'인 것을 보면 알 수 있다.

그리고 학원이나 사교육을 무조건 따르지도 않는다. 자기주도학습, 즉 스스로 익히는 공부를 하는 아이들은 자신에게 부족한 것이 무엇이고, 필요한 도움이 무엇인지를 알게 된다. 그래서 맹목적으로 학원이나 사교육에 의존하지 않는다. 그렇다고 해서 학원이나 사교육을 무조건 배제하지도 않는다. 자신의 상황에 따라 자신에게 필요한 학원이나 사교육을 골라 도움을 받는다.

하지만 부모들은 그저 믿고 싶다. 지금 당장 스스로 익히지 않고, 이유가 없어 멍하니 있지만 이렇게라도 하다 보면 언젠가는 될 것이라 믿고 싶다. 하지만 이러한 상황이 계속되면 다시 한 번 말하지만 밑 빠진 독에 물을 열심히 붓는 꼴이다. 결국, 공부하는 이유가 뚜렷해야 하고, 학원이나 사교육의 도움을 받는 이유도 분명해야 한다.

셋째, 배운 것을 스스로 익히는 과정 중 공부하는 내용에서 '왜?'가 없을 때까지 이해해야 한다. 이해가 되지 않는 부분이 있다면 참고서, 부모, 형제자매, 친구, 선생님, 인터넷 강의, 학원 등의 도움을 받아 이해해야 한다. 처음엔 한 페이지에 '왜?'가 10개도 넘을 수 있다. 하지만 하다 보면 점점 줄어든다. '왜?'가 줄어드는 변화는 그리 쉽게 오지는 않는다. 하지만 스스로 익히는 공부를 하다 보면 아는 것이 쌓여갈수록 줄어든다. 이해하고 교과서의 내용을 공부하면 알아가는 맛을 느끼게 된다. 단순히 문제만 많이 푸는 공부를 하면 쌓이지도 않고, 알아가는 맛도 느끼지 못하게 된다. 아이들이 '왜?'를 통해 이해하고 알아가는 공부를 할 수 있도록 부모들은 도와주고 기다려주어야 한다. 아이들이 공부한 내용을 온전히 이해할 수 있으면 공부를 싫어하지 않는다. 공부가 싫은 이유는 공부한 내용이 이해되지 않아 더는 앞으로 나아갈 수 없기 때문이다.

넷째, 스스로 익히는 과정 중 이해한 것은 설명할 수 있어야 한다.

NLT(National Training Laboratories)의 학습 효율에 관한 연구 결과를 보면 이해한 것을 설명하는 것의 중요성을 알 수 있다. 공부한 지 24시간 이후 기억에 남아 있는 비율을 보면 강의 듣기로는 5%, 읽기만으로는 10%, 시청각 수업 듣기는 20%, 시범 강의 보기는 30%, 집단 토의는 50%, 실제 해보기는 75%, 서로 설명하기는 90%이다. 즉 공부한 것을 누군가에게 설명해보며 서로 이야기를 나누어보는 것이 가장 오래도록 기억에 남는다는 것이다.

이 연구 결과를 토대로 한 EBS 방송 〈왜 우리는 대학을 가는가〉 5부 '말문을 터라'에서 나타난 결과를 보더라도 알 수 있다. 말하는 공부방이 조용한 공부방보다 모든 영역에서 더 높은 점수를 받았다. 이렇듯 아이들은 공부의 기초공사를 위해 학교 등의 곳에서 배운 것은 스스로 익혀 이해하고, 그 이해한 것을 누군가와 서로 이야기 나누며 설명할 수 있어야 한다.

하지만 아이들 대부분이 공부하는 모습을 보면 입을 꾹 다문 채로 있다. 배울 때도 입을 꾹 다문 채 조용히 듣기만 한다. 궁금한 것이 있어도 질문하지 않는다. 이렇게 듣기만 하는 태도는 초등학생 때부터 중 · 고등학생, 심지어 대학생 때까지 계속 이어진다. 그만큼 학습 효율이 낮은 공부를 하고 있다. 그러다 보니 아이들은 공부를 통해 성취의 맛보다는 해도 되지 않는다는 경험을 하게 되는 것이다. 그리고 집에서도 부모들은 조용해야만 공부를 한다고 생각한다. 그래서 조용하기를 강요하는 경향이 많다. 하지만 부모들이 이 고정관념에서부터 벗어나는 것이 아이들의 공부 기초공사를 도와주는 것이다.

다섯째, 공부의 기초공사를 위해서는 공부와 관련된 시간 관리가 중요하다. 아이들은 방학을 시작하자마자 시간계획표를 만든다. 자의에 의해서든 타의에 의해서든 시간계획표를 만들 때는 새로 시작해보아야지 하는 마음이 크다. 물론 작심삼일로 끝나는 경우가 대부분일 것이다. 그래도 해보고자 하는 의욕을 보이기도 한다.

공부와 관련된 시간계획표를 만들 때, 시간을 나누기보다는 공부해야 하는 분량에 맞춘 계획을 짜는 것을 추천한다. 시간을 나누어 계획을 짜다 보면 많은 경우 그 시간 동안 책 펴둔 채 멍하니 시간만 보내도 공부를 하였다고 착각한다.

그래서 계획한 대로 공부의 결실을 보기가 어렵다. 반면 공부해야 할 분량으로 계획을 짜면 몇 시간이 걸리든 몇 분이 걸리든 자신이 해내야 하는 몫이 분명하기에 공부하였는지에 대해 분명히 알 수 있다.

여기서 한 가지 조심하여야 하는 것은 부모가 예측한 것보다 아이가 이른 시간 안에 공부를 끝낼 수 있다. 그러면 부모는 불안해진다. '제대로 했을까?', '계획을 너무 작게 잡은 것은 아닌가?' 등 여러 생각들로 의심의 눈초리로 아이를 대한다. 그리고선 추가로 해야 할 것을 더 제시한다.

절대 하지 말아야 하는 모습이다. 아이가 계획한 대로 다 했다고 하면 오랜 시간 동안이든지 짧은 시간 동안 공부했든지 다 믿어주어야 한다. 그래야, 아이와 부모 사이에 신뢰가 생긴다.

만약 아이가 어떤 의도를 가지고 계획을 적게 잡거나, 대충 끝내기를 반복한다면 그것은 조금의 시간만 지나도 아이도 부모도 알 수 있다. 그 의도가 분명할 때는 공부 계획에 대해 아이와 다시 이야기를 나누어야 한다. 하지만 한두 번의 모습을 가지고 아이를 의심하거나, 부모 생각대로 더 많은 양을 강요하는 것은 역효과만 가져올 뿐이다.

여섯째, 뭐니 뭐니 해도 부모와의 관계가 좋아야 한다. 부모와 관계가 좋은 아이는 자신의 에너지를 자신이 해야 할 것에 오롯이 쓸 수 있다. 그만큼 공부에 집중하기가 수월하다. 그리고 어려운 문제가 생겼을 경우 빠르게 도움도 요청할 것이다. 하지만 부모와 관계가 좋지 않으면 자신의 에너지를 다른 곳에 먼저 쓴다. 부모와의 관계에서 오는 부정적인 감정을 해소하기 위해 다른 곳으로 눈을 돌려 기분부터 풀고자 한다.

무엇보다 도움이 필요한 순간에도 말을 하지 못하고 타이밍을 놓치게 된다. 그러니 아이 공부의 기초공사를 위해서라도 부모와 아이의 관계가 좋아야 하는 것은 당연지사다.

많은 사람이 다이어트에 도전해보았을 것이다. 그런데 다이어트에 성공하는 사람은 그리 많지 않다. 다이어트 방법을 몰라서일까? 그렇지 않다. 알고 있는 다이어트 방법은 차고 넘친다. 방법을 안다고 해서 다 성공하지 못한다. 그러면 어떻게 해야 다이어트에 성공할까? 다이어트를 하는 중 가족들의 반응이 매우 중요하다. 가족 중 한 사람이 다이어트를 하는데 다른 가족들이 밤마다 야식을 먹는다면 어떨까? 본인은 다이어트를 위해 운동도 식단 조절도 열심히 하고 있는데 가족들이 그것밖에 못 한다고 비난 아닌 비난을 하면 어떨까? 안 그래도 힘든데 가족들의 이러한 반응으로 마음이 상하면 다이어트를 계속할 수 있을까? 혹자는 그럴수록 이를 더 악물고 해야 한다고 할 수 있으나 쉽지가 않다.

결국, 포기하는 길로 들어서게 된다. 반면 가족 중 누구라도 다이어트를 하는 가족을 위해 먹거리도 준비해주고, 다이어트의 고충도 들어주고, 함께 운동도 해주고, 야식을 먹겠다고 하는 가족들을 설득해 야식 먹는 모습을 보이지 않는다면 어떨까? 다이어트를 하는 사람은 분명 계획한 대로 성공할 가능성이 크다.

공부도 다이어트와 똑같다. 처음부터 공부 방법을 잘 알고 있는 아이는 드물다. 하지만 그것도 모른다고 아이를 비난하거나 질책을 하면 그 아이는 어찌해볼 도리가 없다.

그리고 공부 방법을 알았다 하더라도 그것이 한 번만에 익숙해지지는 않는다. 어쩌면 아주 많은 시행착오를 거쳐 자신에게 맞는 공부 방법을 찾아낼 것이다. 그 시행착오를 겪는 동안 부모는 적절한 거리를 유지하며 기다려주어야 한다. 그 기다림 중에 아이가 부모에게 도움의 손길을 요청하면 적절한 도움을 줄 수 있어야 한다.

공부와 관련된 자극은 집 밖에서도 넘친다. 어쩌면 부모들이 생각하는 것 이상으로 아이는 공부로 인해 차별과 상처를 받고 있을 것이다. 부모마저 아이의 상처를 더 깊게 만들지 않았으면 한다. 부모가 아이의 상처를 더 깊어지게 하는 순간 아이는 자책하고 포기하게 된다. 오히려 친절하게 구체적인 방법을 알려주고 한 발 물러나 믿어주는 것이 필요하다.

초등학생 때는 공부의 기초공사를 제대로 하는 것이 중요하다. 당장 100점이 중요한 것이 아니다. 당장 100점을 위해 맹목적으로 문제 풀이만 한다든지, 학원이나 사교육에 의존하는 방법은 학년이 올라갈수록 무너져 내릴 가능성이 크다. 당장 100점을 맞기보다 단단하고 튼튼한 공부의 기초공사를 통해 평생의 동반자가 되어야 할 공부의 맛을 차근히 알아가야 할 것이다. 그리고 무엇보다 공부와 관련해 아이의 마음에 상처를 남겨 아이의 마음이 상하게 해서는 안 될 것이다.

■ 생각 나누기 ■

공부에 관한 마음은?

아이가 공부하는 모습을 보고 있으면 대신하는 것이 편하겠다는 생각이 들 때도 있을 만큼 공부를 대하는 아이의 모습이 마음에 들지 않을 때가 많다. 아이는 공부를 왜 그렇게 마주하게 되었을까? 공부에 관한 나의 마음과 아이의 마음에 대해 생각을 나누어보자.

▶ 공부에 관한 아이의 마음은?

▶ 이유

▶ 공부에 관한 나의 마음은?

▶ 이유

아이의 마음이

안정되어 있지 않으면

어떠한 관심도 부질없습니다.

아이의 마음이

안정되어 있지 않으면

어떠한 도움도 부질없습니다.

결론은 아이의 마음입니다.

5장

알쏭달쏭 오락가락 사춘기

사춘기는 아동기에서 성인기로 넘어가는 과도기로서 어린이도 어른도 아닌 어중간한 상태이다. 불안정과 불균형으로 인해 혼란을 경험하게 된다. 이 때문에 사춘기를 흔히 '질풍노도의 시기'라고 한다. 그러다 보니 부모 시각에서 이해하기 힘든 모습을 보이는 경우가 많다. 부모를 무시하는 눈빛으로 대들면서 이해할 수 없는 행동, 언어와 욕을 쓰기도 한다. 그리고 기분이 좋거나 무언가가 필요할 때는 왜 이러나 싶을 정도로 달라붙다가 얼마 못 가 마음의 문도 방문도 닫아 잠근다. 그만큼 자신의 편리에 따라 부모 품으로 들어왔다 나갔다를 반복하면서 부모로부터의 독립을 준비하는 시기이다. 이 시기에 건강하고 자유롭게 부모의 품을 넘나들 수 있어야 몸도 마음도 건강한 성인으로 나아갈 수 있다. 그리고 사춘기는 어느 시기보다 혼란을 경험하다 보니 걱정과 고민이 많아지는 시기이다. 격랑의 사춘기를 겪는 아이들과 함께 부딪히고 상처받으며 시행착오를 겪을 마음의 준비가 필요하다. 나아가 아이가 고민이 있거나 어려움이 있을 때 편히 찾아올 수 있도록 '상담자'로서의 역할도 필요하다.

슬기로운 부모생활

1

다름을 인정해주세요

어렵다 어렵다 해도 사춘기가 되기 전 아이들은 그래도 부모가 대하기가 수월하다. 하지만 아이가 사춘기를 겪기 시작하면 아이도 부모도 그 이전과는 다른 경험을 많이 하게 된다.

중학교 1학년 딸의 행동이 도저히 이해하기가 어렵다며 눌러두었던 마음을 폭발시키던 어머니가 생각난다. 보통의 아이들이 그렇듯이 초등학생 때까지는 공부도 열심히 하고, 동생들과도 잘 지내며 부모가 꺼리는 행동은 하지 않았던 예쁜 딸이었다. 그런데 중학생이 되고 얼마 지나지 않아 집에 들어오면 곧장 화장실로 들어가 씻기 바쁜 모습을 보였다. 어머니는 단지 밖에 있다 들어와 씻는 것으로만 생각했다. 그러던 어느 날 집으로 들어오던 딸과 현관에서 딱 마주쳤는데 딸이 화장한 얼굴이었다. 여태껏 집에 들어와 화장실로 급히 들어가 씻었던 이유가 화장한 얼굴을 들키지 않으려고 한 행동이라는 것을 그제야 알게 되었다. 그날 이후 딸의 행동을 유심히 살펴보니 초등학생 때와는 다른 모습이 많았다. 화장한 얼굴을 들키고 난 이후로는 학교 가기 전 아예 대놓고 화장과 머리를 만지느라 아침 시간을 다 보내고, 아침밥도 먹지 않은 채 허겁지겁 뛰쳐나갔다. 저녁엔 집에 있으면서 손에서 핸드폰을 놓지 않고 유튜브로 연예인, 화장, 헤어, 패션 관련 영상에 빠져 시간 가는 줄 모르고 지냈다. 중학교 1학년이라 자유 학년제로 시험을 보지 않으니 공부에 대해 신경을 쓰지도 않고, 알아서 한다는 말만 되풀이했다. 생활에 질서도 무너지고 뒤죽박죽인 것 같아 타일러도 보고 혼도 내보았지만, 소용이 없고 부모의 말을 듣지 않으려는 모습에 답답하기만 하다는 것이었다. 이전까지는 잘 놀아주었던 동생들마저도 가까이 오지 못하게 하면서 엄마, 아빠와 동생들에게 비밀이 많아져 더 걱정된다고 하였다.

이 사례를 읽고 어떤 생각이 드는지 궁금하다. 초등학생 때까지는 말 잘 듣고 눈에 거슬리는 행동 하나 없이 잘 지내던 여학생들이 사춘기를 겪으면서 보여주는 전형적인 모습이라 생각된다. 남학생들은 연예인이나 화장, 헤어 대신 게임, 스포츠 등으로 부모들의 속을 태우는 경향이 많을 것이다. 물론 이외에도 다양한 모습과 방법으로 부모와 갈등을 겪고 있을 것이다.

그럼 부모들은 사춘기 시기를 어떻게 지냈을까? 지금 아이들이 보이는 모습과 양상은 다르겠지만 대체로 그 시절 사춘기로 대표할 수 있는 모습을 보이며, 부모의 속을 태웠을 것이다. 시대에 따라 보이는 모습과 정도의 차이가 있을 뿐이지 모두 다 사춘기를 거치게 되는 것이다. 금지만이 능사가 아니다. 힘으로 통제하고 금지하려 들면 아이들은 더 하고 싶어 할 것이다. 금지보단 이해가 스스로 조절할 힘을 불러온다. 이해하고 신뢰를 보여주면 스스로 조절하려고 애쓰게 될 것이다.

요즘은 중학생이 되기 전 빠르면 초등학교 4학년부터 사춘기를 시작한다는 말이 있을 정도로 사춘기의 시작 시기가 빨라졌다. 그리고 아이들이 접하는 문화도 다르다. 특히 스마트폰과 IT 기술의 발달로 부모들이 따라가기 힘든 다른 모습을 보인다. 동시대를 살고 있으나 서로의 가치 기준이 달라 생각하고 느끼고 보이는 모습이 다른 것이다. 그러니 사춘기 아이들이 보이는 모습을 부정적으로만 바라볼 것이 아니라 아이들이 살아가는 시대도 세상도 아이들도 제각각 다름을 인정해야 한다.

부모들과 아이들의 생각에 대해 몇 가지 살펴보자. '공부'에 대해 부모들과 아이들은 어떻게 생각할까? 부모들은 '죽으나 사나 해야 하는 것'이 공부라 생각하지만, 아이들은 '적성에 맞는 사람이나 하는 것'이 공부라 생각한다. 그러니 평소에 자신이 공부가 적성에 맞지 않는다고 생각하면 공부를 소홀히 하는 모습을 보이는 것이 아닐까 한다.

그럼 '힘든 일'에 대해서는 어떻게 생각할까? 부모들은 힘든 일은 '자신의 몫'이라 생각한다. 하지만 아이들은 힘든 일은 '부모의 몫'이라 생각한다. 이 생각의 바탕에는 어려서부터 부모들이 다 해준 결과도 한몫할 것이다. 그러니 아이들이 힘든 일을 부모의 몫으로 떠넘긴다고 배은망덕하다며 아이들을 원망할 필요는 없을 것 같다.

중요하게 생각하는 '걱정'에 대해서는 어떨까? 부모들은 '먹고사는 것'이 가장 큰 걱정이나, 아이들은 자신의 생활이 '재미없을까 봐' 걱정한다. '잠'에 관한 생각은 어떨까? 부모들은 잠은 '줄이고 최대한 일'해야 한다고 생각하는 반면 아이들에게 잠은 '졸리면 자는 것'이다. 부모들은 '게으름'을 '악 중의 악'이라 생각하지만, 아이들은 '창조의 원천'이라 생각한다. 그리고 '인내심'에 대해 부모들은 본인이 하기 싫고 힘들어도 '성공하기 위한 필수 덕목'으로 꼭 갖추어야 하는 것으로 생각한다. 그러나 아이들은 게임이나 자신이 하고 싶은 것이면 몰라도 인내하면서까지 무언가를 하고 싶어 하지 않는다.

이렇듯 사춘기 아이들과 부모는 여러 가지 가치들에 관해 생각이 다르다. 이 다름을 인정하지 않으면 부모들과 사춘기 아이들이 한집에서 동고동락하며 같이 지내는 것은 서로에게 엄청난 고통일 수밖에 없다. 부모의 가치 기준에 맞춰 아이를 변화시키기는 어렵다. 이는 시대와 세상의 변함에 따른 자연스러운 변화로 보아야 한다. 그러니 부모가 먼저 시대와 세상 변화를 이해하고, 아이들의 다름을 이해하고 인정해야 한다. 그러면 사춘기 아이들도 부모의 다름을 봐줄 것이다.

■ 생각 나누기 ■

다시 사춘기로 돌아간다면?

사춘기의 아이를 보고 있으면 나는 사춘기 때 저러지 않았는데 하는 생각이 많이 들 것이다. 하지만 나의 사춘기를 돌아보면 아쉬움도 많았을 것이다. 만약 다시 사춘기로 돌아간다면 어떻게 하고 싶은지에 대해 생각을 나누어보자.

▶ 다시 사춘기로 돌아간다면?

▶ 이유

엄마가 나 없을 때 내 방에 들어오지 않게 해주세요.

엄마가 나 몰래 나의 핸드폰을 열어보지 않게 해주세요.

엄마가 내 책상을 뒤지지 않게 해주세요.

엄마가 너 하나 보고 산다는 말 하지 않게 해주세요.

엄마가 나를 위해 기도하지 않게 해주세요.

2

공사 중이에요

초등학교 4학년 이후 사춘기의 징후를 서서히 보이다가 중학생이 되면서 사춘기의 징후는 눈에 띄게 나타난다.

'불러도 대답도 잘 하지 않고, 말투는 퉁명스럽고, 알았다는 말을 입에 달고 산다. 그러다 뜻대로 안 되면 소리를 버럭 지르거나 말대꾸하며 소리를 지른다. 고집을 부리거나 짜증을 내고, 수가 틀리면 아예 말을 하지 않는다. 방 정리나 주변 정리는 말할 것도 없고, 씻고 옷 갈아입는 기본적인 생활도 제대로 하지 않을 때도 많다. 아침에 스스로 일어나지 못하면서 깨우면 알겠다고 말만 하며 오히려 짜증을 부린다. 방에도 들어오지 못하게 하고, 밤늦게까지 자지 않고 스마트폰에 빠져 있거나 통화를 한다. 방학 때는 정오가 넘어 일어나는 일이 다반사이다. 무엇이든 느리고 억지로 하며 게으름을 피운다. 시간 개념이 없고, 할 일을 안 하거나 미루며, 시험 기간에도 태평이다. 책상에 앉아 공부보다는 딴짓할 때가 더 많다.'

사춘기 아이들의 이러한 모습은 문제일까? 아니면 어쩔 수 없이 보이는 정상적인 과정일까?

사춘기 아이들이 보이는 이러한 모습을 무조건 받아들여주어도 되는 정상적인 모습이라 할 수는 없다. 하지만 이유 없이 나타나는 모습도 아니다. 그리고 사춘기 아이들 모두 다 이런 모습을 보이는 것도 아니다. 다만 사춘기를 질풍노도라 표현하듯이 자신들의 몸과 마음이 뜻대로 조절되지 않아 정도의 차이는 있지만 이런 모습을 보일 가능성이 크다.

우리가 앞서 살펴본 유아기 중 두 살에서 네 살 정도 아이들의 모습을 떠올려보면 된다. 그때를 '제1의 사춘기'라 부르기도 한다. 주변엔 자신의 호기심을 자극하는 것들이 즐비하고, 눈에 보이는 것마다 다 해보고 싶은 시기이다. 몸도 마음도 잘 조절되지 않으면서 아이들은 '내가 내가'를 외쳤다. 그 '내가 내가'의 외침에 부모가 아이에게 무엇이든 하는 기회를 많이 주고 잘 기다려주었는지, 아니면 '안 돼 안 돼'를 외치며 아이가 하고 싶어 하거나 하여야 할 것을 막았었는지에 따라 그 후 아이들이 모습에는 차이가 뒤따를 수밖에 없다.

사춘기 시기 아이들이 보이는 이해하기 어려운 모습은 사춘기가 오기 전까지 아이들이 가정에서 어떤 경험을 하였는지가 중요하게 작용한다. 여기에다 사춘기라는 시기가 겹쳐져 더 이해하기 어려운 모습으로 느껴질 뿐이다. 다시 말해 유아기 때부터 자신이 하고 싶거나, 어려워도 자신이 해야 하는 것을 스스로 하는 것에 익숙해 있는 아이들은 사춘기가 되어도 자신을 조절하며 자신이 원하는 방향으로 생활을 한다.

만약 사춘기인 아이가 부모를 힘들게 하고, 부모와 갈등의 골이 깊다면 사춘기라는 이유도 있겠지만, 먼저 사춘기 이전 아이와 부모의 모습을 돌아보아야 한다.

그리고 사춘기 시기에 몸과 마음에 나타나는 여러 특징이 있다.

첫째, 몸의 변화를 경험한다. 신장과 체중이 급격히 증가할 뿐만 아니라 근육, 골격, 생식기관, 얼굴 등 광범위한 변화가 일어난다. 급격한 신체 변화가 일어나는 자신의 모습에 당황하며 거울 앞에서 많은 시간을 보내게 된다. 아이가 신체의 급격한 변화를 받아들일 수 있도록 부모의 지지가 필요하다. 몸의 변화는 마음의 변화도 가져오기에 부모가 아이를 대하는 태도부터 바꾸어야 한다. 특히 성과 관련된 생각과 행동이 시작되는 것은 신체적 변화이자 성장의 결과이다.

아이들이 대부분은 어떤 의도를 가지고 하는 것이 아니다. 모두에게 정상적으로 일어나는 일이다. 결국, 몸의 변화를 보이는 사춘기 아이를 위해 부모는 미리 이야기해주고 안심을 시켜야 한다. 신체 변화뿐만 아니라 월경이나 몽정에 관한 것도 몸에서 일어나는 자연스러운 반응이고 컸다는 신호이니 크게 염려할 필요가 없다는 이야기를 해주어야 한다. 그리고 이러한 변화가 나타났을 경우 축하해주는 것도 필요하다.

둘째, 자아정체성을 찾기 위해 고민하고 방황한다. 즉, '나는 누구인가?'에 대한 답을 찾기 위해 생각이 많아지는 시기이다. 이를 통해 자신의 능력, 역할 및 책임에 관한 인식을 분명하게 갖게 되는 것이다. 자신에 대한 답을 찾으려 애쓰지만, 그 답이 쉽게 얻어지지는 않아 고민하고 방황한다. 그래서 사춘기 아이들에게는 스스로에 대해 생각하고 고민할 시간이 필요하다.

하지만 현실적으로 이러한 시간이 주어지는 경우는 거의 없다. 아침부터 밤까지 다람쥐 쳇바퀴 돌 듯이 똑같은 일상을 돌아야 한다. 어느 곳에서도 누구도 아이들에게 자신을 찾기 위해 생각하고 고민할 시간을 허락하지 않는다. 그리고 이러한 고민을 털어놓을 대상도 없다. 고작해야 같은 문제로 고민하는 주변의 친구들이 있을 뿐이다.

그러다 보니 아이들은 자신이 누구인지도, 자기 삶의 목표가 무엇인지도, 자신이 좋아하는 것이 무엇인지도, 자신이 원하는 것이 무엇인지도 모른 채 한 학년 한 학년 올라간다. 그래서 이미 사춘기를 겪은 대학생들의 가장 큰 고민이 '내가 누구인가?'가 되었을 것이다.

내가 누구인지에 대한 고민은 아이들이 중 · 고등학교 시절을 보내는 사춘기 때 치열하게 하여야 한다. 그래야 자신이 원하는 삶의 목표를 향해 자기 생각이나 행동에 자신감을 가지고, 독립된 사회구성원으로서 살아갈 수 있는 준비를 한다. 그래서 자기 삶의 주인이 되어 의미 있는 삶을 살아갈 수 있게 되는 것이다. 성인이 되어서도 누군가의 대리인으로 삶을 살아가는 것이 아니라 자신이 원하는 삶을 추구하고, 타인들과 함께 잘 살아갈 수 있도록 사춘기 때 자신에 대한 고민과 방황을 할 수 있는 여유와 기회가 있어야 한다. 사춘기 때 이러한 고민과 방황을 하지 않으면 성인이 되어 자신을 찾기 위해 고민하고 방황하게 된다. 아니면 자신이 누구인지 모른 채 살아가게 될 수도 있다.

셋째, 사춘기 아이들은 자기 생각에 사로잡혀 자신만의 독특한 세계와 타인의 보편적인 세계를 구분하지 못한다. 자신이 특별한 존재라는 착각에 빠져, 우주의 중심은 자신이라 믿는다. 이것이 사춘기 아이들이 갖는 특징인 '개인적 우화(personal fable)'이다. 자신은 특별하고 독특한 존재이고, 자신의 감정이나 경험은 다른 사람과는 근본적으로 다르다고 믿는다. 자신은 너무 특별하고 중요한 사람이기 때문에 자신이 경험하는 우정이나 사랑, 또는 도전이나 일탈 등은 다른 사람은 결코 경험하지 못하는 것으로 생각한다. 나아가 무모한 도전이나 일탈을 하여도 위험한 상황이 일어나지 않는다고 생각한다.

만약 위험한 상황이 일어나더라도 자신은 괜찮을 것이라는 근거 없는 확신을 하기도 한다. 오토바이 폭주족의 대부분이 10대인 이유도 여기에 있지 않을까 싶다. 사춘기의 개인적 우화가 과도하게 긍정적으로 작용하면 무분별한 자신감을 가져 비현실적인 상상에 대한 믿음이 커지고, 위험하고 과격한 행동을 할 위험성이 높아진다.

반면 개인적 우화가 부정적으로 작용하면 잘못된 결정에 다다를 수도 있다. 작은 문제나 어려움에 부딪혔을 때 그 일이 다른 사람은 겪지 않는 자신만의 경험으로 판단하여 감정도 생각도 극단으로 치달아 잘못된 결론을 내리고 과잉반응을 보일 수 있다. 이렇게 사춘기 아이들은 긍정적이든 부정적이든 자신만이 특별하다는 잘못된 믿음으로 자신을 힘들게 할 수 있다. 그래서 사춘기 아이들이 이 시기를 잘 지나갈 수 있도록 부모의 도움과 관심이 필요하다.

넷째, 사춘기를 겪고 있는 아이에게 심부름을 시켜본 일이 있는가? 많은 경우 심부름을 다녀오고도 남을 시간까지 거울 앞을 맴도는 아이를 본 적이 있는가? 이것이 사춘기 아이들이 갖는 또 다른 특징인 '상상적 청중(imaginary audience)'이다. 상상적 청중은 항상 누군가가 자신을 지켜보고 자신에게 관심이 있다고 믿는 것이다.

그래서 남들이 자신을 어떻게 생각하는가에 과도한 신경을 쓴다. 시도 때도 없이 거울을 들여다보고 얼굴의 여드름 하나도 신경을 쓰면서 다른 사람들이 자신의 외모와 행동에 엄청나게 관심을 쏟고 있다고 생각한다. 길을 걸을 때도 다른 사람들이 자신만 보고 있다고 생각하고, 다른 사람들이 알지 못하는 실수에도 고민하고, 사소한 비판에도 민감하게 반응을 한다. 자기 혼자 무대에 서 있는 주인공이고, 다른 사람들을 자신을 평가하는 관중으로 느끼는 것이다.

그런데 이 관중을 매우 비판적이라 생각한다. 그래서 사춘기 아이들은 상상 속의 관중들에게 잘 보이기 위해 얼굴의 여드름 하나, 화장, 머리

모양, 옷차림, 몸짓, 표정 등에 신경을 쓰는 것이다. 이러한 성숙하지 못한 생각 때문에, 사춘기 아이들은 타인을 지나치게 의식하고, 때로는 타인의 눈에 더 띄기 위해 엉뚱한 행동을 하기도 한다.

사춘기 아이들의 이러한 행동을 바람직한 행동으로 바꿔주기 위해서는 부모가 상상적 청중이 아닌 '현실 속의 바람직한 청중'이 되어주어야 한다. 부모가 현실 속의 바람직한 청중이 되어 아이가 보이는 모습이나 행동에 대해 칭찬과 격려를 보내면, 아이는 자기 안의 보석 같은 진짜 모습을 찾아내고 성숙한 모습을 보여줄 것이다.

다섯째, 사춘기의 아이들은 몸은 어른만큼 성장해도 감정에 예민하게 반응하고, 감정과 생각, 행동에 균형과 조화를 잘 이루지 못한다. 왜 그럴까? 이는 사춘기 아이들의 뇌에 답이 있다. 사춘기 아이들의 뇌는 한마디로 '공사 중'이다.

인간의 뇌는 뇌간, 변연계, 전두엽으로 이루어져 있다. 뇌간은 생명을 관장하는 '원초적인 뇌'로 태어날 때 이미 완성되어 있다. 호흡, 혈압 조절, 체온 조절, 심장 박동 등 생명을 유지하는 데 필요한 기능을 담당한다. 변연계는 '감정의 뇌'로 영유아기와 아동기 및 사춘기 동안 활발하게 발달하여 사춘기 끝날 즈음 완성된다.

주로 감정과 기억을 주관하며, 호르몬을 담당하는 역할을 하여 기쁨, 즐거움, 화, 슬픔 등의 감정은 물론 식욕과 성욕도 변연계에서 주로 처리한다. 전두엽은 '생각의 뇌', '이성의 뇌'로 생각하고, 판단하며, 우선순위를 정하고, 감정과 충동을 조절한다. 고도의 정신 기능과 창조 기능을 담당한다.

전두엽은 사춘기 동안 대대적인 리모델링 작업에 들어가 완성하는 데 시간이 오래 걸린다. 리모델링에 들어간 전두엽이 완전히 성숙해지려면 20대 중후반은 되어야 할 것이다. 전두엽이 완전히 성숙해야 이른바 '철들었다.'라는 말을 듣게 되는 것이다. 결국, 전두엽이 미처 발달하지 못한 사춘기 아이들에게 어른처럼 생각하고 판단하기를 기대하는 것은 무리한 일이다.

이렇듯 사춘기 아이들의 뇌는 총사령부 역할을 하는 전두엽이 충분히 발달하지 않은 미숙한 상태로 작동한다. 한마디로 완성되지 않고 공사 중인 뇌로 인해 실수와 실패를 반복하면서 전진하는 상태이다.

그래서 사춘기 아이들은 몸과 마음이 생각처럼 되지 않을 때가 많은 것이다. 사춘기 아이들이 조절이 어려운 것은 발달 중인 아이들의 뇌가 원인일 수 있기에 부모들의 이해와 기다림이 더 필요한 시기다.

그러니 부모가 사춘기 아이의 모든 것을 다 알 수도, 이해할 수도 없다. 내 아이지만 절대 내 마음대로 되지 않는다. 그저 아이의 시각에서 아이의 행동과 마음을 보려고 해야 한다. 그래야 아이도 부모도 덜 어렵고 덜 괴로운 시간을 보낼 수 있다.

■ 생각 나누기 ■

사춘기 아이의 이해하기 힘들었던 모습은?

'내가 알아서 할게.'라는 말을 입에 달고 사는 사춘기의 아이. 사춘기 아이의 모습 중에서 도대체 왜 그러는지 이해하기 힘든 모습에 대해 생각을 나누어보자.

▶ 아이의 이해하기 힘든 모습

▶ 이유

사춘기,

혼자 있지 못해서 몸살이 납니다.

혼자인 게 싫어서 몸살이 납니다.

3

상담자가 되어주세요

초등학교 고학년을 시작으로 사춘기가 시작될 때 아이에 관한 부모의 이해 부족, 적절한 도움 부족으로 이런저런 문제들이 개선되지 않은 채 중 · 고등학생이 되면서 문제의 심각성이 두드러지게 나타난다.

짜증을 내며 말수가 적어지고 문을 닫고 들어가면 나오지 않는 모습은 애교로 봐줄 수 있을 만큼 흔한 모습이다. 날마다 밤새워 스마트폰으로 게임을 하거나 유튜브에 빠져 학교를 제시간에 가지 못하는 날이 점점 많아지기도 한다. 그러다 부모와의 갈등이 심해져 부모와 아이 사이에 일어나서는 안 되는 상황이 벌어지기도 한다.

고등학교 1학년인 아들과의 갈등으로 아들과 함께하기도 어렵고, 거기다 남편과의 관계마저 문제가 생겨 너무 힘들다는 어머니의 하소연을 잊을 수가 없다.

"중학생 때까지는 학교와 학원을 착실히 다니며 공부도 잘하고, 큰 어려움 없이 고등학교에 갔어요. 그런데 고등학교 진학 후 아들의 행동이 180도 달라졌어요. 중학생 때까지의 고분고분했던 모습은 찾아볼 수도 없고, 밤새 스마트폰 게임을 하느라 학교에 지각하는 경우가 빈번해졌습니다. 처음에는 억지로라도 깨워서 지각하지 않도록 학교에 보내기도 했어요. 아들을 향한 원망이 쌓이기도 했고, 깨워주지 않으면 스스로 정신 차려 일어날까 하는 기대로 아침에 깨워주지 않아 보기도 했습니다. 그러나 저의 기대와는 다르게 그런 날은 여지없이 점심시간이 다 지난 후 학교에 갔어요. 밤새 하는 스마트폰 게임과 정상적인 등교 사이에서 아들과 저는 극한 대치 상황이었어요. 그러던 중 저는 더 강하게 나가보기로 했어요. 이에는 이, 눈에는 눈 작전을 써본 것이죠. 학생이 학교도 안 가고 공부도 안 하는 것은 자신의 본분을 다하지 않는 것이니 저도 엄마로서의 본분을 다해보지 않기로 마음을 먹었습니다. 깨워주지 않는 것은 말할 것도 없고, 식사도 챙겨주지 않는 등 기본적인 보살핌을 모두 하지 않았어요. 그러면 아들이 겁먹고 자신의 행동을 바꾸겠거니 기대를 했던 거예요. 결과는 기대와는 정반대였습니다. 아들의 행동은 더 걷잡을 수 없을 정도로 막무가내로 변했어요. 자신의 잘못은 아랑곳없이 부모 탓만 합니다."

아들을 어떻게 생각해주어야 하는지 모르겠다며 어머니는 몇 시간을 울었다.

그리고 고등학교 2학년 딸을 둔 어머니의 뒤늦은 후회의 모습도 보았다.

'학교 가기 싫다, 친구도 공부도 다 싫다, 나를 이해해주는 사람이 없다….'

딸의 책상을 정리하다 우연히 보게 된 메모 일부분이다. 메모를 보는 순간 지금까지 딸이 했던 말들과 행동들이 빛의 속도로 머리를 스쳐 지나갔다. 중학교 때까지는 부모가 이야기하는 대로 공부를 열심히 하는 딸이었다. 특목고를 가야 한다는 부모의 기대에 부응하기 위해 딸은 학교와 학원, 그리고 과외까지 병행해가며 열심히 공부하였다.

때때로 왜 특목고를 꼭 가야 하는지, 왜 이렇게 공부만 해야 하는지 모르겠다며 불만을 이야기하기도 했다. 그때마다 부모는 힘들지만 다 너를 위해 그런 것이라고 말했고, 그럼 딸은 다시 제자리로 돌아오곤 하였다. 그 시간을 되돌아보니 마음에 걸리는 부분이 있었다. 딸이 부모에게 힘들다 이야기하면 지금 이런 이야기로 낭비할 시간이 없다며 딸을 방으로만 밀어 넣었던 일이다. 반대로 딸이 혼자 있고 싶다 하여도 부모가 궁금하면 딸 꽁무니를 쫓아다니거나 방문을 억지로 열게 하였다. 그러면 딸은 부모가 궁금해하는 것에 대답해주었으나 그것이 진심이 아니라는 것을 느낌으로 알 수 있었다. 딸은 단지 그 순간을 빨리 모면하고 싶었던 것 같다. 부모도 딸에게 무슨 대답이라도 들어야 마음이 편해지니 진심이 있건 없건 상관없이 딸의 대답을 들으려 하였다.

그러면서 사춘기를 지내는 아이와 부모는 다 이렇게 지내니 큰 문제가 되지 않을 것으로 생각했다. 그러나 특목고 입시를 한 달도 남겨두지 않은 시점에 딸이 자신이 왜 특목고를 가야 하는지도 모르겠고, 시험에 붙을 자신도 없다고 특목고 시험을 치지 않겠다는 폭탄 발언을 하였다. 결국, 딸은 특목고 시험을 치르지 않고 일반고에 진학하였다.

고등학생이 된 딸은 말수가 더 적어졌다. 학교에서 무슨 일이 있는지 전혀 알 수가 없었다. 하지만 고등학교 1학년 때도, 2학년이 되고서도 담임 선생님과의 상담을 통해 큰 문제는 없다는 말을 듣고 한시름 놓고 지내고 있었다. 그렇게 시간을 보내던 중 딸의 책상에서 메모를 발견하게 되었다. 어머니는 어떻게 하면 좋을지도 모르겠고, 너무 후회된다는 말만 되풀이하였다.

모든 사춘기의 아이들이 이런 모습을 보이는 것은 아니나, 마음속 풀리지 않은 응어리를 대부분 가지고 있을 것이다. 아이들이 어쩌다 이렇게까지 자신을 돌보지 않고 무너져 내리고 있을까? 아이가 힘들다고 온갖 신호를 부모에게 보냈을 때 부모가 제대로 알아차리지 못했거나, 알아차렸더라도 우리만 겪는 현실이 아니니 공부라는 현실 앞에서 '그냥 저러다 말겠지?' 하며 외면했고 하고 있을 것이다.

또는 부모와 아이와의 관계가 좋지 못해 자신이 겪고 있는 어려움을 부모와 의논할 수 없었기 때문일 것이다. 어떤 이유에서건 부모도 힘들었겠지만, 아이들은 부모보다 훨씬 더 힘들고 괴롭다는 사실이다.

한국청소년정책연구원의 2015년부터 2019년도 조사 결과에 따르면 비슷한 분포로 '최근 1년간 죽고 싶다.'라는 생각을 해본 청소년이 약 30%에 달한다. 죽고 싶은 이유로는 학업 문제가 1위였고, 미래에 대한 불안이 2위, 가족 간의 갈등이 3위였다. 이 결과를 보더라도 부모들의 눈엔 그저 철없고, 아무 생각이 없어 보이는 아이들이 자신의 목숨을 두고 고민을 하는 경우가 생각보다 많다.

그럼 사춘기 아이를 둔 부모는 아이에게 어떻게 해주어야 할까? 한마디로 '상담자', '의논 상대자'가 되어야 한다. 아이가 어떤 어려움이 있으면 부모는 상담자, 아이는 내담자가 되는 것이다. 상담자인 부모는 아이가 원하지 않는데 아이의 방에 돌진해 들어가면 안 된다. 그리고 무리하게 답을 요구해서도 안 된다. 아이가 자신의 이야기를 꺼내놓기를 기다려야 한다.

반대로 아이가 이야기하고 싶다고 하면 아무리 하찮고 재미없는 이야기일지라도 끝까지 들어주어야 한다. 중간에 끊어서도 안 된다. 몸은 다 커서 어른같이 느껴질 수 있으나 아이가 아기처럼 부모의 품을 파고들면 과감히 품을 내어주며 안아주어야 한다. 하지만 아이가 혼자 있기를 원하고, 지금 말하고 싶지 않다고 하면 아무리 궁금하고 걱정이 되더라도 부모는 아이의 마음이 열릴 때까지 기다려야 한다.

그러나 부모들은 반대로 하는 경우가 더 많다. 아이가 부모의 도움이 필요해서 부모를 찾으면 다 컸고 지금은 그럴 시간이 없다며 아이를 밀어낸다. 아이가 혼자 있기를 원하면 부모는 걱정되게 왜 그러냐며 아이 곁을 떠나지 않으려 한다. 그러니 아이들은 자신의 속마음을 드러내지 않는다. 부모가 자신에게 관심을 거둘 정도로만 적당히 표현해준다. 많은 부분을 숨긴다. 그러다 문제가 불거지는 것이다. 그러니 아이가 원하는 것이 무엇인지를 잘 파악해서 아이가 원하는 대로 해주는 상담자가 되어야 한다. 그러면서 아이가 부모에게 다가오고 싶을 때 마음껏 다가올 수 있게 해주고, 부모에게서 멀어지고 싶을 땐 마음껏 멀어질 기회도 주어야 한다. 먼저 제시하거나 덤비기보다는 아이가 부모를 원할 때 함께해주어야 한다. 그래야 사춘기 아이들과 부모들이 건강한 관계를 유지하며 잘 지낼 수 있다.

지금은 서른이 된 딸의 중학생 시절이 떠오른다. 중학생이 된 딸의 행동에서 뭔가 석연찮은 모습이 느껴졌다. 그래서 곰곰이 생각하는 시간을 가졌다. 그 시간을 통해 딸이 태어난 순간부터 지금까지의 생활을 되돌아보았다. 그랬더니 부모로서 엄마로서 내가 딸에게 어떻게 했는지 나의 모습들이 보였다.

부모와 애착 형성이 중요한 딸의 영유아기에 나는 직장에 다녔다. 그래서 딸은 할머니 손에서 자랐다. 할머니의 사랑을 워낙 많이 받은 터라 사람에 대한, 세상에 대한 신뢰 형성에는 아무 문제가 없었다. 하지만 엄마인 나와의 애착 형성에 구멍이 보였다. 그리고 이렇게 한 번씩 나와 딸을 아프게 했다.

그 구멍을 메우기 위해 부단히 노력했지만, 쉽지 않았다. 나의 선택으로 딸이 원할 때 딸이 원하는 만큼의 사랑을 주지 못한 결과로 감당해야 할 몫이 생각보다 훨씬 크다는 것을 절실히 느끼게 되었다.

말을 멈추고 딸이 중학생이 될 때까지의 시간을 되돌아보니 내가 딸에게 사과해야 하는 부분이 보였다. 영유아기에 함께하지 못한 것에서부터 초등학교를 들어간 후 피아노를 전공하는 딸에게 더 잘했으면 하는 마음에 칭찬에 인색했던 것, 아이의 말을 들어주기보다는 나의 말을 더 많이 했던 것 등 여러 상황이 보였다. 그래서 진심으로 이야기하며 사과를 했다. 엄마로서 그럴 수밖에 없었던 상황에 대한 이해를 구한 것이 아니라 엄마로서 못 해준 것에 대해, 하면 안 되는 모습을 보인 것에 대해 사과하였다.

사과 후, 딸의 말을 듣기 시작했다. 나의 말을 먼저 하는 것이 아니라 딸의 말을 먼저 들었다. 그리고 딸이 나에게 마음 놓고 이야기하는 시간도 일부러 가졌다. 다만 딸이 하고 싶지 않다고 하는 순간에는 기다렸다. 그러니 훨씬 더 편하게 딸의 상황을 이해하고 알 수 있었다.

그리고 내가 딸에게 말할 상황일 경우에는 말하기 전에 내가 하고자 하는 말을 딸이 들으면 어떤 기분일까를 생각했다. 평소에는 하던 대로 해도 문제가 없었지만, 딸의 마음이 편하지 않은 경우는 내 마음에 걸리는 부분이 없을 때까지 말하기 전 생각하고 또 생각했다. 처음에는 시간이 오래 걸렸다. 하지만 생각하는 시간은 점점 줄고, 자연스럽게 이야기를 할 수 있게 되었다.

이렇게 한 걸음 한 걸음 딸에게 다가가니 어느 순간에 딸이 나에게 손을 내밀었다. 그리고 그때 잡았던 딸과 나의 손은 지금도 여전히 따뜻한 온기를 서로 나누고 있다. 그러면서 딸에게 칭찬과 격려, 지지를 아끼지 않았다. 서른이 된 지금도 아끼지 않고 딸에게 전하고 있다. 내가 딸의 이야기를 들어주고, 칭찬과 격려, 지지도 여전히 하지만 더 큰 변화는 딸이 성인이 된 이후로는 나의 이야기를 더 많이 들어주고, 엄마가 하는 일에 더 많은 관심도 기울여주고 있다는 사실이다. 또한, 딸은 내가 하는 일에 더 많은 칭찬과 격려, 지지를 보내주고 있다. 무엇보다 딸과의 이러한 경험이 16년이란 긴 시간 동안 부모들을 만나는 데 원동력이 되었다. 딸은 나의 고마운 스승인 셈이다.

사춘기 아이와의 어려움을 겪고 있는 부모들이 있다면 해보시길 꼭 권하고 싶다. 먼저 말을 멈추고 아이와의 관계를 돌아보아야 한다. 그런 다음 진심으로 사과를 해야 한다. 그리고 부모가 말을 많이 하기보다 아이가 이야기하고 싶어 하는 그 순간에 아이의 말을 들어야 한다. 그리고 아이에게 말하기 전에 내가 아이에게 전하고자 하는 말에 아이가 상처를 받지 않고 잘 받아들일 수 있는 표현인지를 생각해야 한다. 그런 다음 아이가 부모에게 손을 내밀면 기꺼이 감사한 마음으로 아이의 손을 잡자. 그리고 마음껏 아이를 칭찬하고 격려, 지지해주자. 그러면 분명 아이가 부모에게 마음의 문을 열고 다가올 것이다.

■ 생각 나누기 ■

아이의 주된 관심사나 고민이 무엇일까?

사춘기 아이들의 관심사는 주로 스마트폰, 외모, 친구, 공부, 미래 등이다. 이러한 관심사들로 행복하기도 하고, 이러한 관심사들로 힘들어하기도 한다. 아이의 주된 관심사나 고민거리를 아는가? 아이의 주된 관심사나 고민거리에 대해 생각을 나누어보자.

▶ 아이의 주된 관심사나 고민

▶ 이유

멈추어 돌아보아요.

먼저 듣고 말해요.

손 내밀면 잡아요.

격려하고 지지해요.

그러면 마음의 문이 열립니다.

6장

'따로 또 같이' 동행하는 성인기

성인기는 부모에게서 심리적, 물리적으로 독립하여 자신의 삶을 살기 위해 넓은 세상으로 나아가는 시기이다. 미래로 나아가는 자녀의 삶을 위해서는 부모가 먼저 자녀로부터 독립해야 한다. 부모가 몸도 마음도 건강하게, 하고 싶은 것을 하면서 자녀와 '동반자'로서 각자의 삶에 충실해야 한다. 서로 떨어져 각자의 삶을 살지만, 부모가 자녀의 마음속에 따뜻한 존재로 남을 수 있다면 금상첨화의 삶이 될 것이다.

슬기로운 부모생활

1

캥거루족은 왜 생겨났을까?

부모교육을 하면 부모들의 연령층이 30, 40대가 주를 이룬다. 그만큼 아동기를 비롯해 사춘기 아이들과의 관계에서 어려움을 겪는 부모들이 많다. 그러나 육십 세 전후의 부모들이 참여하는 경우가 점점 늘어나고 있다. 자녀들도 성인일 나이에 어떤 어려움이 있어 오실까 하는 생각도 들겠지만, 본인의 자녀뿐만 아니라 며느리나 사위, 손자 손녀의 삶까지 얽히고설키어 이중고 삼중고로 어려움을 겪고 있는 경우가 많다. 60대 초반이신 어머니의 이야기가 시작되었다.

"좀 쉬고 싶은데 집에 있으면 쉴 수가 없어 일부러 쉬는 시간을 갖기 위해 구청에서 진행하는 강좌들을 살펴보다 부모교육을 신청했어요. 내가 딸을 잘못 키워 아직도 이런 고생을 하나 싶어, 도대체 뭐가 문제인지 알아보고 싶어 왔습니다."

딸과의 사이에 어떤 어려움이 있는지 여쭤보았다.

"40대 초반인 딸과 사위, 그리고 일곱 살, 세 살인 손녀 둘이 한집은 아니지만 같은 아파트에 살고 있어요. 하지만 현실은 같은 아파트가 아니라 한집에 사는 것과 같은 생활이 이어지고 있어요. 그런데 이것이 모두 나의 잘못이라는 생각이 자꾸 떠올라요. 딸이 결혼할 때 친정과 멀리 떨어져 살면 딸이 너무 힘들 것 같아 같은 아파트에 살기로 했던 거였어요."

서로 의지도 되고 좋으시겠다는 주변의 반응과는 달리 어머니의 한숨은 더 짙어졌다.

"딸은 결혼 초부터 자기 손으로 식사 준비를 해본 적이 없어요. 늦게까지 본인의 집에서 빈둥거리다가 사위의 퇴근 시간에 맞춰 저녁을 먹으러 왔어요. 어차피 딸이 고생할까 봐 옆에 살게 했으니 어쩌면 당연한 결과라 생각했어요. 그런데 이것도 하루 이틀이지, 한 달 두 달이 지나가면서 좀 심하다는 생각이 들기 시작했어요. 그러던 중 딸이 임신하고, 첫 손녀가 태어나면서 자연스럽게 함께 지내게 되었어요. 딸과 손녀와 계속 함께 지내면서, 사위는 퇴근 후 집에 와서 식사하고 잘 때 본인의 집으로 갔어요. 손녀를 돌보는 딸의 손길이 불안하기도 하고, 손녀를 데리고는 아무것도 하지 못하는 딸을 모르는 척하기도 어렵고 떨어져서 마음고생하느니 데리고 몸 고생하는 것이 낫겠다고 생각했어요."

그렇게 7년이란 시간을 보냈다. 손녀들의 재롱도 보고 좋을 때도 있지만 한 해 한 해가 갈수록 몸도 마음도 지쳐갔다. 그래서 딸에게 본인 집에 가서 지내고, 한 번씩 오면 좋겠다고 이야기했다. 이제 그러면 어떻게 하냐며 섭섭해했지만, 딸과 손녀들은 본인의 집으로 모두 거처를 옮겨갔다. 하지만 딸과 손녀들의 생활은 거의 어머니의 집에서 이루어졌고, 어머니는 일곱 명의 대식구 식사를 늘 준비하고, 딸과 손녀들의 뒤치다꺼리를 하며 지냈다고 한다.

큰 손녀가 일곱 살이 되었기도 해서 딸에게 "이제 아이들도 어느 정도 컸고 했으니 주중에는 집에서 직접 밥을 해 먹어보자." 하며 필요한 반찬을 가져가는 것으로 절충을 하였다.

그러던 어느 날 본인의 식사도 못 챙길 만큼 어머니가 몸이 너무 아파

며칠 병원 다니며 앓고 있는데, "엄마, 반찬 좀! 엄마가 반찬을 안 하니 우리 식구가 밥을 제대로 못 먹잖아!" 하며 짜증이 섞인 목소리로 화를 내는 딸의 전화를 받았다고 한다.

그 전화를 받는데 내가 지금껏 무엇을 위해, 어떻게 살았는지 밀려드는 허무한 마음을 달랠 길이 없어 너무 괴로운 시간을 보냈다고 하였다.

이 딸은 왜 이러는 것일까? 과연 이 문제가 이 딸만의 문제일까? 이 문제는 비단 이 딸만의 문제가 아니다.

조금 오래된 기사이긴 하나 2013년도에 충격적인 타이틀을 단 기사가 있었다. '결혼한 아들에게서 전화가 왔다. "엄마! 바퀴벌레 좀 잡아줘…" (서울신문, 2013.08.24. 하종훈 기자)'

기사의 내용은 한 주부의 이야기였다. 최근 결혼한 아들 부부와 같은 아파트에 사는 그녀는 한숨을 쉬었다. 화장실에서 바퀴벌레를 발견한 며느리가 외출해 있던 아들에게 '어머니께 바퀴벌레를 잡아달라고 부탁해 달라'는 전화를 했다는 것이다.

그리고 또 다른 주부의 이야기도 있다. 얼마 전 결혼한 딸이 집에 물이

샌다고 급히 전화를 해 달려 갔더니 창문을 열어놔 비가 들이쳤던 것이다. 주부는 청소를 도우며 '딸을 잘못 키운 게 아닌가.' 하는 생각이 들었다고 한다.

기사에서는 성인이 되고 대학을 졸업해서도 부모에게 의존하는 '캥거루족'들이 결혼한 후에도 부모의 품을 벗어나지 못하는 사례가 많고, 한 가정을 책임져야 할 부부가 부모에게 물질적 혜택을 받을 뿐 아니라 정신적으로도 기대면서 부부 갈등으로 이어지는 일이 늘고 있다고 하였다.

성인인 이 부부들은 왜 이러는 것일까?

자녀가 성인임에도 자녀의 몫을 부모가 대신해주는 모습도 다양하다. 대학생인 자녀의 성적을 교수님에게 직접 문의하는 부모들, 아픈 자녀의 결근을 위해 직접 자녀 회사에 전화를 거는 부모들, 군대 간 아들의 상사에게 직접 연락하는 부모들. 자식이 성장하는 동안 부모가 그들의 몫까지 다해주어 부모에게 의존하지 않으면 살기 어려운 자식들로 만든 것일까? 아니면, 성장하는 동안 부모에게 의존해 살던 습관을 성인이 되어서도 버리지 못하는 것일까? 닭이 먼저일까? 달걀이 먼저일까?

위에서 살펴본 사례와 흡사한 '결혼해도 "엄마, 반찬 좀"…신캥거루족

아세요?'라는 타이틀의 기사(머니투데이, 2018.3.16. 유승목 기자)도 있었다.

이 기사는 결혼했거나 부모와 떨어져 사는 경우 생필품이나 반찬까지 지원을 받는 신캥거루족이 늘어나는 추세라고 이야기하고 있다. 그러면서 부모의 그늘에서 벗어나지 못하고 있다는 부정적 인식보다는 의존할 수밖에 없도록 만드는 사회적 구조를 문제로 지적하고 있다. 높은 주거비용과 고물가 등의 경제 문제가 캥거루족 현상의 주원인으로 독립 자체가 어려워 부모의 품을 떠날 수 없다고 한다. 그러면서 캥거루족을 단순히 의지 부족의 문제로 치부해 손가락질해서는 안 된다고 하였다.

과연 그럴까? 물론 이 기사의 주장이 모두 틀렸다고 할 수는 없을 것이다. 하지만 정말 경제적으로 어려움을 겪는 성인 자녀들만이 부모에게 의지하는 캥거루족이 되었을까? 주변을 살펴보면 경제적으로 얼마든지 독립할 수 있는 상황임에도 불구하고 부모에게 의존하는 성인 자녀들을 쉽게 볼 수 있다. 과거보다 자녀 수가 적다 보니 부모들은 자녀를 자신의 분신과도 같이 생각해 부모의 과잉보호로 이러한 현상이 더 뚜렷해진 것이다.

그래서 자녀들의 몫을 부모가 대신해주고 자랑스럽게 여기는 부모들의 모습도 볼 수 있다. 그러다 해도 해도 끝이 없음을 인식하는 순간 자녀에 대한 부담과 함께 자신의 삶에 대한 회의와 허무함이 밀려와 힘들어하는 경우를 흔히 본다. 자녀가 독립해야 할 때 독립할 힘을 갖지 못한 경우 결국은 서로가 대가를 치르는 것이다. 그리고 이러한 양상은 대물림되어가고 있다.

이 기사들과 힘들어하는 어머니의 사연을 들으며, 본 책 유아기 내용에서 소개한 울산의 고등학교 3학년 남학생이 생각났다. 과연 이 학생도 자신이 경제적으로 어려워지면 부모에게 의지할 수밖에 없다고 생각할까? 아직 이 학생에게 일어나지 않은 상황이라 예단하기는 어려우나, 모르긴 몰라도 자신 스스로 어려움을 헤쳐나가기 위해 부단히 노력해볼 거라 생각된다.

이는 자율성과 주도성 경험의 차이에서 비롯될 수 있다고 본다. 앞에서도 언급하였듯이 대부분 가정에서 일어나고 있는 부모와 아이의 모습을 보면 아이가 스스로 할 수 있는 것임에도 불구하고 유아기 시절부터 부모들이 마치 자신의 몫인 양 대신 해주는 모습을 많이 본다.

그러면서 부모들은 아직은 어려서 그렇지 나이 들면 스스로 알아서 잘할 것이라 기대한다. 하지만 부모들과 자녀들에게 돌아오는 현실은 그렇지 않다. 이미 자율성과 주도성을 잃은 자녀들은 자신의 문제에 직접 부딪혀보기보다는 부모를 비롯해 다른 도움 대상으로 시선을 돌린다.

그러다 그 문제가 원하는 방향으로 해결되지 못하면 '부모 탓'을 시작으로 다른 원인을 찾는다. 그리고 부모는 부모대로, 한다고 했는데 왜 이러냐며 '자식 탓'을 한다. 서로 탓하기 바쁜 사이가 되는 것이다.

캥거루족이든 신캥거루족이든 이들의 문제를 경제 문제에서 비롯된 사회 구조적인 문제로만 바라보기에 앞서 아이들이 성인이 되도록 부모와의 관계에서 어떤 과정을 경험하였는지를 살펴볼 필요가 있다.

헬리콥터 맘, 잔디 깎기 맘, 빗자루 맘 등의 용어가 왜 등장했을까? 아이들이 성장하는 동안 아이들 주변을 떠나지 못하고, 아이들의 일거수일투족을 함께하며, 아이들에게 불필요한 것을 부모가 알아서 다 정리해주는 것이다. 심지어 요즘은 드론 맘까지 등장하였다. 아이 곁에 붙어 있지 않으나 멀리서 부모가 원하는 대로 아이를 조종하는 것이다.

이렇게 부모의 통제하에 자란 아이들은 나이만 성인에 불과하고, 부모로부터 경제적, 물리적, 정신적, 심리적으로 완전히 독립할 수 없다. 부모들이 독립할 힘을 빼앗아간 것이다. 물론 부모들은 아이들의 힘을 빼앗아갈 의도는 전혀 없었을 것이다. 하지만 부모들의 의도와는 달리 결과는 아이들에게서 스스로 자신의 삶을 살아갈 힘을 빼앗아간 것이다.

'자기의 일은 스스로 하자!'라는 옛 광고가 말하듯이 성인이 되기까지 진정한 자율성과 주도성을 경험할 수 있는 가정환경과 부모들의 의식 변화가 우선되어야 할 것이다.

■ 생각 나누기 ■

성인 자녀에게 바라는 것

부모에게서 독립하여 홀로서기를 하여야 하는 나이임에도 불구하고 부모의 곁을 떠나지 못하는 자녀들이 점점 늘고 있다. 자녀가 독립할 수 있도록 성인 자녀에게 바라는 것이 무엇인지에 대해 생각을 나누어보자.

▶ 성인 자녀에게 바라는 것

떠나고 싶다면 떠나게 하자.

아쉬워 말고 기꺼운 마음으로 떠나보내자.

그러면 더 자신의 세상을 잘 찾아갈 것이다.

2

부모가 먼저 독립하자

자녀가 사춘기를 지나 성인이 되면 부모는 자녀가 더 넓은 세상으로 나아가 자신의 삶을 잘 살아갈 수 있도록 떠나보내야 한다. 어쩌면 이것이 부모로서 할 수 있는 마지막 역할이 아닌가 싶다. 자녀가 부모로부터 잘 떠나기 위해서는 부모가 먼저 독립해야 한다. 하지만 우리가 흔히 볼 수 있는 것이 성인이 된 자녀도 떠나지 못하고, 부모도 자녀 곁을 떠나지 못하는 모습이다. 서른다섯 살 아들과 함께 사는 60대 후반 어머니의 힘든 이야기를 들었다.

"서른다섯 살인 아들은 현재는 직장을 다니고 있으나 그마저도 언제

관둘지 몰라 늘 조마조마합니다. 한 직장을 꾸준히 다니지 못했어요. 직장을 다닐 때는 그나마 아침에 나갔다가 저녁에 들어오니 숨 쉴 시간이라도 있어 다행이라 생각합니다. 직장을 다니지 않을 때는 종일 집에서 컴퓨터나 스마트폰과 시간을 보내며 빈둥거려요. 대학교 진학 당시 아들이 서울로 가기를 원했으나 형편이 그렇기도 하였지만, 아들을 보내고 나면 내가 너무 외롭고 힘들 것 같아 보내지 못한 것이 아들이 서른다섯 살이 되도록 함께 살고 있습니다. 처음에는 내가 힘들까 봐 독립을 못 시켰으니 어려움은 내가 감당해야 한다는 생각으로 하루하루를 보냈습니다. 시간이 지날수록 아들은 더 의존적으로 변하고 있어요. 제대로 된 직장을 구하지 못하는 것도 부모가 원하는 공부를 시켜주지 않아서 그런 것이니 본인의 생활을 책임지라고까지 말합니다. 그러다 보니 아들의 경제적인 부분도 모두 부모의 몫이 되었어요. 그나마 일할 때는 자신의 용돈 정도는 해결하지만, 생활에 드는 돈은 모두 부모의 몫입니다. 그런데 저도 남편도 나이가 들고 경제적 능력이 점점 줄어드니 힘이 듭니다. 부모의 입장을 전혀 고려해주지 않는 아들이 야속할 따름입니다."

주변에서 이런 어려움을 토로하는 60, 70대의 부모들을 볼 수 있다. 부모가 경제적으로 부족함이 없다 하더라도 60대 중반을 넘고 70대가 되면 몸도 마음도 힘들고 지쳤기 마련이다. 하물며 부모 자신의 경제적인 여건도 어려운데 자녀의 몫까지 책임져야 하는 상황이라면 그 고통은 배가 될 것이다.

자녀가 직장에 취직하고도, 결혼하여 가정을 이루었음에도 부모에게 의존하고 있다면 무슨 소용이 있겠는가? 자녀의 독립된 삶이 가능하게 하려면 부모가 먼저 자녀로부터 독립하여야 한다. 즉, 자녀 독립의 전제 조건은 자녀로부터 부모가 먼저 독립하여야 한다. 자녀가 성인이 되고 난 후 '빈둥지증후군'을 앓는 부모들, 특히 어머니들이 많다. 이것이 두려워 적절한 시기에 자녀의 독립을 미루다 서로 어려움을 감당하게 되는 것이다. 이것은 서로에게 큰 불행이다.

성인 자녀 삶의 몫은 자녀의 몫으로 두고 부모가 먼저 독립을 하자. 자녀가 성인이 되고 난 후 자녀의 삶에 같이 빠져 허우적거리지 말아야 한다. 자녀의 삶은 자녀의 삶, 부모의 삶은 부모의 삶이다. 그리고 무엇보다 우리의 자녀들은 이 세상을 잘 살아갈 힘이 있고, 본인 생각이 있으며 현명하다. 이것을 믿어야 한다. 자녀를 과소평가하고 기회를 주지 않아 자녀의 힘을, 생각을, 현명함을 빼앗지 말아야 한다. 물론 살다 보면 자녀가 성인이 되었다 하더라도 도와야 할 경우도 있다. 하지만 이 경우도 자녀가 도움을 요청할 때마다 무분별하게 도움을 주면 곤란하다. 부모 자신의 여건과 상황을 잘 고려하여 적절한 도움을 주는 것이 자녀와 부모 양쪽 다 덜 힘들어지는 지름길이다.

부모의 독립을 위해서는 우선 건강한 몸을 유지하여 신체적으로 독립할 수 있어야 한다. 그리고 노후 대책을 잘 세워 경제적 독립도 준비하여야 한다. 무엇보다 자신 삶에서 즐거움과 보람을 느낄 수 있는 일이나 취미를 찾아 자녀에게 의존하지 않아도 되는 심리적 독립을 이루어내는 것이 필요하다.

부모와 자녀가 서로에게 매여서 서로를 향해 헬리콥터 맘이니 캥거루족이니 할 것이 아니라, 부모도 자녀도 높이 훨훨 날아 자신의 삶을 살 수 있어야 한다. 그럴 때야 비로소 부모와 자녀가 서로의 삶을 존중하며 '때로는 따로', '때로는 같이' 할 수 있는 '따로 또 같이'의 행복한 여정을 통해 행복하게 살아갈 수 있을 것이다.

■ 생각 나누기 ■

부모 자신의 삶을 위해 하고 싶은 것은?

부모도 자녀도 높이 훨훨 날아 동반자로서 각자의 삶을 충실히 살아야 한다. 인생의 후반부, 부모 자신의 삶을 충실히 살기 위해 하고 싶은 것이 무엇인지에 대해 생각을 나누어보자.

▶ 나의 삶을 위해 하고 싶은 것

▶ 이유

하고 싶은 것도

배우고 싶은 것도

꿈도 많았다.

지금이라도 못 할 건 없다.

아직 늦지 않았다.

지금이다.

3

부모가 떠난 이후에도

아이들이 성인이 될 때까지 부모는 아이들을 돌본다. 그처럼 부모가 나이가 들고 힘이 없어지면 부모는 성인의 자녀들에게 기대는 삶을 산다. 물론 요즘은 과거처럼 부모를 일방적으로 부양하려는 자녀들이 많지 않다. 부모들도 자녀들에게 무조건 부양받기를 원치 않는다. 이 또한 세상 변화의 흐름일 것이다. 오죽하면 지금의 50, 60대 부모 세대를 '효도하는 마지막 세대, 효도 받지 못하는 첫 세대'라 이르는 말까지 있을까 싶다. 그런데도 나이 든 부모는 자녀에게 심리적으로 물질적으로 도움을 받게 될 것이다. 하지만 이 도움의 양과 질은 부모이니까, 자식이니까 무조건 같을 수는 없다. 자녀가 성장하면서 부모로부터 받은 만큼 돌려

받는 것이 아닌가 한다. 특히 영유아기부터 사춘기를 지나 성인이 될 때까지 부모와 주고받은 관계의 양과 질에 따라 다를 것이다. 부모의 사랑을 듬뿍 받으며 온전히 보호를 받아야 했던 영유아기, 넓은 세상으로 나아가기 위해 힘을 키워 부모의 품을 자유로이 드나들어야 했던 아동기와 사춘기 그리고 성인이 되어 동반자로서 서로의 삶을 존중해야 할 때를 어떻게 지냈느냐에 따라 다를 것이다. 그리고 이는 부모가 이 세상을 떠난 이후에도 자녀들의 마음에 부모가 어떤 존재로 남느냐를 결정짓게 될 것이다. 한 가지 오해하지 않았으면 하는 것은 이 모든 것을 물질적인 것으로 받아들이지 않아야 한다. 성장하면서 부모에게 물질적으로 풍족한 환경을 받았다고 해도 고마워하지 않는 경우를 많이 본다. 오히려 요즘은 물질적으로 풍족했음에도 바르지 못한 인성을 갖고, 부모에게 함부로 하는 경우를 많이 본다. 결국, 자녀의 마음에 남는 부모는 물질적으로 어떻게 해주었느냐보다 부모가 자녀에게 준 사랑과 성장 과정에 따라 부모가 보여준 모습이라 생각된다. 자녀라고 해서 부모에 대해 무조건 좋은 생각과 기억을 가질 수는 없다. 한마디로 준 만큼 돌려받는다.

부모가 이 세상을 떠난 이후에도 자녀들의 마음에 좋은 생각과 기억으로 온전히 자리를 잡을 수 있다면 얼마나 좋을까? 부모인 내가 이 세상을 떠난 이후에도 자녀들의 마음에 온전히 자리 잡기를 바란다면 지금, 이 순간부터 부모로서 나의 모습을 돌아보자.

■ 생각 나누기 ■

어떤 부모로 기억되고 싶은가?

아이들과 함께했던 시간을 뒤로하고 부모는 떠난다. 그 순간을 맞이하게 되면 부모들은 아쉬움이 크게 다가올 것 같다. 그런데 아이들은 어떨까? 부모가 떠난 이후에 아이들에게 어떤 부모로 기억되고 싶은지에 대해 생각을 나누어보자.

▶ 어떤 부모로 기억되고 싶은가

▶ 이유

마음속에 있는 부모에 대해

사랑이 더 가득한가?

원망이 더 가득한가?

이는………

그저 주어지지 않는다.

평온을 비는 기도

내가 변할 수 없는 것들을 받아들이는 평온함을 주시고,

변화시킬 수 있는 것들을 변화시킬 수 있는 용기를 주시고,

이 두 가지를 구별할 수 있는 지혜를 주소서.

하루의 순간을 한껏 살아가고 순간을 즐기며,

고난은 평화에 이르는 길임을 받아들이게 하소서.

–

라인홀트 니버의 〈기도문〉 중에서

7장

슬기로운 부모생활

아이들은 늘 이야기한다. '자신 뜻대로 살아갈 수 있는 자신만의 세상으로 가고 싶다!'라고. 부모들은 늘 이야기한다. '엄마, 아빠가 다 해줄게!'라고. 간격을 유지한 채 평행으로 달리는 기차 같다. 서로 아프다는 아우성을 쏟아낸다. 서로 상대 탓을 하느라 바쁘다. 그러면서 부모들은 아이와 건강한 관계를 맺고 행복한 생활을 하기 위해서 부단한 노력을 한다. 하지만 그 노력이 부모의 생각과 달리 엉뚱한 방향으로 결말을 짓는 경우가 종종 있다. 부모들은 힘들고 맥이 빠진다. 그러니 부모는 아이와 건강하고 긍정적인 관계를 맺으며, '따로 또 같이' 가는 행복한 여정을 위해 '슬기로운 부모생활'이 필요하다.

슬기로운 부모생활

1

아이와의 관계가 보이시나요

목욕탕에 가면 나이가 지긋하신 분들의 자녀에 관한 이야기를 들을 수 있다. “우리 애가 내 생일이라고 용돈을 30만 원이나 보냈네!” 하며 자랑하는 분이 계신가 하면, “우리 애는 내 생일인데 용돈을 30만 원밖에 안 보내네!”라고 이야기하는 분도 계신다. 효자 효녀는 부모의 혀끝에서 탄생한다 해도 되지 않을까 싶다. 효자, 효녀를 만드는 것은 자녀들이 물론 잘해야 하지만 똑같은 모습을 보여도 부모가 어떻게 받아들이느냐에 따라 달라질 수 있는 것이다. 즉, 같은 모습을 어떤 시각으로 보느냐가 중요하다. 그리고 같은 아이의 모습인데 이렇게 보면 사랑스러운 모습일 수도 있고, 저렇게 보면 싫은 모습일 수도 있다. 아이의 모습이 어떻게 많이 다가오는가? 이것을 찬찬히 생각해보면 부모인 내가 아이를 어떤 시각으로 바라보고 있는지를 알 수 있다. 부모가 아이를 바라보는 시각이 왜 중요할까? 그것은 부모의 시각에 따라 아이에게 전달되는 메시지가 다르기 때문이다. 사랑스러운 시각으로 아이를 바라보고 있다면 부모는 분명 아이에게 긍정적인 메시지를 많이 전할 것이다. 반면에 아이를 바라보는 부모의 시각이 부정적이라면 아이의 작은 행동 하나에도 예민하고 민감한 부정적인 메시지가 나올 것이다. 고등학교 2학년과 중학교 2학년인 두 딸을 둔 어머니와 나눈 이야기가 생각난다.

"고등학교 2학년인 딸은 어릴 때부터 거슬리는 행동 하나 없이 고분고분 말도 잘 듣고, 본인이 해야 할 것은 알아서 잘했어요. 그러니 어릴 때부터 칭찬도 많이 받고, 고등학생인 지금까지 저와의 관계도 매우 좋습니다."

이야기를 나누며 큰딸이 생각나는지 입가에 미소가 번졌다. 그러다 갑자기 얼굴이 어두워졌다.

"반면 중학교 2학년인 둘째는 아기 때부터 마음대로 하겠다며 본인이 하고 싶은 것은 꼭 하고, 하기 싫은 것은 아무리 시키려고 해도 하지 않는 등 고집을 많이 부렸어요. 그러다 보니 어릴 때부터 칭찬보다는 혼이 많이 났고, 대립할 때가 많았습니다. 둘째 아이의 고집을 어릴 때 꺾어놓지 않으면 문제가 더 커지겠다는 걱정과 불안 때문에 아이가 하고자 하는 건 일단 못 하게 막았어요. 그런데 어떻게 된 영문인지 아이의 고집이 갈수록 커지네요. 중학생이 된 이후에는 저와 둘째 딸과의 관계는 외줄타기를 하는 것처럼 아슬아슬한 상황입니다. 둘째 딸과 잘 지내고 싶은데 어떻게 해야 할지를 잘 모르겠어요."

그리고 첫째 딸에게는 자신도 모르게 긍정적인 메시지가 나가는데, 둘째 딸에게는 반대로 어떤 상황에서도 자신도 모르게 부정적인 메시지가 먼저 나온다고 하였다.

위의 사례에 공감하는 부모들이 많을 것이다. 특히 아이가 둘 이상이면 위와 같은 상황을 겪고 있는 가정도 많을 것이다. 그럼 이 상황을 어떻게 바라보아야 할까? 물론 둘째 딸이 첫째 딸보다 성격이 강해 부모를 힘들게 하였을 것이다. 그리고 부모는 둘째 딸에게 유아기 어릴 때부터 부정적인 메시지를 쏟아냈을 것이다. 여기서 한 가지 주목해야 할 것이 있다. 부정적인 메시지로 아이의 고집을 꺾거나, 잘못된 행동을 변화시킬 수 있을까? 절대 그럴 수 없다고 단언한다. 만약 그럴 수 있다면 유아기부터 부모로부터 받은 부정적인 메시지로 이미 아이의 고집은 꺾이지 않았을까? 하지만 아이의 고집은 더 커졌다. 이는 부모가 아이에게 준 부정적인 메시지로 부모와 아이의 관계가 점점 나빠졌기 때문이다. 그러다 중학생이 되어서는 부모의 어떤 말도 들어주기 싫을 정도로 부모와 아이의 관계가 멀어진 것이다.

현재 여러분 가정의 부모와 아이의 관계는 어떠한가? 아이가 부모의 말을 한 가지라도 들어주기를 바란다면 아이와의 관계가 좋아야 한다. 아이와의 관계가 좋아야 무엇이라도 해볼 수 있다. 아이와 관계가 좋지 않으면 부모의 노력은 물거품이 될 가능성이 크다. 아이와 무엇이라도 해보고 싶다면 부모는 아이와 좋은 관계를 맺기 위해 가장 먼저 공을 들여야 할 것이다. 부모와 아이뿐만 아니라 모든 인간관계에서 좋은 관계를 유지하려면 어떻게 해야 할까? 좋은 관계를 유지하는 데는 여러 가지 방법이 있을 수 있다. 여기서는 관계를 돌아보기 위해서 어떤 메시지를 상대와 주고받고 있는지 생각해보도록 하겠다. 일상에서 긍정적인 메시지와 부정적인 메시지와의 비율이 5 : 1 정도 되어야 그럭저럭 괜찮은 관계를 유지할 수 있다. 긍정적인 메시지와 부정적인 메시지의 비율이 20 : 1 정도를 유지하면 아주 좋은 관계가 된다. 주변에 부모와 아이의 관계가 아주 좋거나, 부부 금슬이 아주 좋은 집의 경우를 보면 알 수 있다. 그런데 보통 부모들은 아이들이 더 잘했으면 좋겠다는 기대와 '혹시라도 잘못되면 어떡하지?' 하는 걱정과 염려로 아이들에게 부정적인 메시지를 더 많이 쏟아낸다. 보통 그 절정은 사춘기를 거치는 중 · 고등학생 시기이다. 그러다 보니 사춘기 아이를 둔 가정의 경우 부모와 아이의 관계가 좋지 않다고 느끼는 경우가 많다. 부정적인 메시지를 많이 받은 아이들은 숨기는 것이 많아지고, 본의 아니게 거짓말도 하게 된다. 그러면서 눈치를 보고, 결국에는 부모와 아이 사이의 관계가 나빠지게 되는 것이다.

현재 부모와 아이와의 관계가 어떠한가? 그 관계의 질은 부모와 아이가 서로 긍정적인 메시지와 부정적인 메시지를 어느 정도로 주고받고 있느냐가 결정할 수 있다. 그러니 부모가 먼저 아이에게 부정적인 메시지보단 긍정적인 메시지를 많이 건네야 한다. 그런데 긍정적인 메시지를 줄 모습이 보이지 않을 수도 있다. 그렇다면 긍정적인 메시지를 줄 수 있는 아이의 모습을 부모가 발굴이라도 해야 한다. 그저 쉽게 눈에 띄는 모습만 찾으려 하지 말고, 아이의 모습을 자세히 보아 미처 보지 못했던 모습을 발굴하여서라도 긍정적인 메시지를 전해야 한다. 그러면 분명 부모와 아이의 관계가 조금씩 조금씩 좋아질 것이다.

슬기로운 부모생활을 위해서는 첫째, 부모인 나와 아이의 관계를 돌아보자. 그 관계의 질에 따라 부모인 내가 아이를 어떤 시각으로 바라보고 있는지를 가장 먼저 점검해보아야 한다. 그리고 부모인 내가 아이에게 긍정적인 메시지와 부정적인 메시지 중 어떤 메시지를 많이 전하고 있는지 의식해보아야 할 것이다.

■ 생각 나누기 ■

아이를 바라보는 부모의 시각은?

눈에 넣어도 아프지 않을 것 같은 내 아이라 늘 생각하지만, 생각과 다르게 아이에게 전달되는 부모의 메시지는 엉뚱한 방향으로 나가기도 한다. 왜 그럴까? 평소 부모로서 내 아이를 바라보는 시각이 어떠한지에 대해 생각을 나누어보자.

▶ 아이를 바라보는 부모의 시각은?

▶ 이유

좋은 관계를 위한 레시피.

긍정, 큰 스푼으로 8

부정, 작은 스푼으로 2

격려, 큰 스푼으로 8

지적, 작은 스푼으로 2

좋은 요리는 어떻게 만들 수 있을까요?

좋은 재료를 선택해야 가능합니다.

여러분은 어떤 재료를 준비하셨나요?

2

아이의 마음이 들리시나요

부모들은 아이들과 대화가 얼마나 잘된다고 생각할까? 반면 아이들은 부모와 어느 정도 대화가 잘된다고 생각할까? 고등학교에서 진행된 부모교육에서 부모들에게 "평소 아이들과 대화가 잘된다고 생각되시는 분들 손 들어주세요!"라고 하였더니 오신 분의 반 이상이 손을 드셨다. 만약 똑같은 질문을 손을 든 부모들의 아이들에게 한다면 어떤 결과가 나올까? 아마 부모들의 기대와는 다른 결과가 나올 것이다. 부모가 아이들과 대화가 잘된다고 생각하는 비율보다 아이들이 부모와 대화가 잘된다고 생각하는 비율은 현저히 낮다. 학년이 올라갈수록 더 뚜렷하게 나타난다. 그럼 부모들은 아이들보다 왜 대화가 잘된다고 생각을 할까? 그 이유는 부모들은 자신의 입을 통해 나오는 모든 것을 대화라 생각한다. 아침에 눈을 떠서 밤에 잠자리에 들 때까지 아이를 향하는 부모의 모든 말들을 아이들과의 대화라고 부모들은 착각하는 것이다.

"일어나라, 빨리 씻어라, 깨끗이 씻어라, 빨리 밥 먹어라, 지각하면 안 된다, 선생님 말씀 잘 들어라, 친구들과 사이좋게 지내라, 숙제부터 해라, 학원 늦지 마라, 집에 빨리 와라, 게임 그만해라, TV 그만 봐라, 스마트폰 그만해라, 공부해라, 방 치워라, 행동 똑바로 해라…."

아침부터 잠들기 전까지 수없이 많은 말을 아이들을 향해 쏟아내고 이것을 대화를 나눴다고 생각하는 것이다. 이것이 과연 부모와 아이가 나누는 대화라 할 수 있을까? 이것은 돌아오는 대답 없는 메아리에 불과하다. 그야말로 허무한 착각일 뿐이다. 대화는 혼자서 일방적으로 말하는 것이 아니라, 서로 주고받아야 한다. 서로 주고받아야 하는데 부모들과 아이들 사이에서 일어나는 모습을 보면 부모는 일방적으로 주고 아이는 일방적으로 오는 말을 한 귀로 듣고 한 귀로 흘려보낸다. 학년이 올라갈수록 아이들은 "네, 말 많이 하세요, 나는 나의 길을 갑니다."라는 모습을 보인다. 부모들이 아이들에게 하는 비난, 명령, 지시, 통제, 위협, 경고, 설득, 설교, 충고, 비교 등을 통한 잔소리는 백해무익이다. 아니 오히려 악영향을 미칠 뿐이다.

그러면 대화를 잘하기 위해서는 어떻게 해야 할까? 테니스 시합에서 상대를 이기는 것이 아니라 테니스를 상대와 함께 오래 즐기고 싶다면 어떻게 해야 할까? 상대가 받을 수 있도록 상대의 수준이나 상황을 고려해서 공을 잘 넘겨주면 된다. 그러면 상대도 내가 잘 받을 수 있도록 공을 넘겨줄 것이다. 이렇게 서로 상대가 잘 받을 수 있도록 넘겨주면 되는 것이다. 대화도 똑같다. 상대가 잘 받을 수 있도록 말을 먼저 잘 넘겨주어야 한다. 하지만 평소 부모들이 아이들에게 넘겨주는 말은 어떤가? 상대인 아이가 잘 받을 수 있도록 넘겨주는가? 그렇지 않다. 대부분 부모의 상황과 기분에 따라 일방적으로 넘겨준다. 그러다 보니 말을 받는 아이는 받아주고 싶지 않을 때가 많다. 특히 사춘기가 시작되면 받아주고 싶지 않다는 속내를 더 노골적으로 드러낸다. 그러면서 부모들의 말은 돌아오는 대답 없는 메아리가 되고, 부모들의 한숨은 더욱더 깊어지는 것이다. 아이와 대화를 많이 하고 싶다면 어떻게 하면 아이가 잘 받을 수 있을까를 고민할 필요가 있다.

대화를 위해서는 말을 넘기기 전에 먼저 해야 할 것이 있다. 먼저 들어주는 것이다. 즉, 아이가 잘 받을 수 있도록 부모가 말을 잘 넘기려면 아이의 말을 먼저 들어야 한다. 아이의 말을 듣는다는 것은, 아이의 입에서 나오는 언어, 그 자체를 의미하는 것이 아니다. 행동, 표정, 눈빛, 말투 등 대화할 때 아이가 하고 보여주는 모든 것을 의미한다. 부모는 아이가 부모를 향해 전하는 모든 것을 먼저 경청하여야 한다. 그래야 대화를 넘어 소통이 원활하게 이뤄진다. 하지만 부모들은 아이들의 말을 들어줄 여유가 없어 보인다. 듣지 않고, 먼저 일방적으로 쏟아내기 때문에 대화도 되지 않고 결국 불통의 관계가 되는 것이다.

아이들은 부모가 먼저 들어주기를 원한다. 침묵 속에서 자신들의 말에 먼저 귀 기울여줄 것을 원한다. 아이가 부모에게 무언가를 이야기할 때 곧바로 충고하고, 안 되는 이유를 설명하기보다 그냥 들어주기만을 원한다. 먼저 충고하고 이유를 설명하고, 지시하는 것은 아무런 도움도 되지 못한다. 아이들의 말을 먼저 들어주면 아이들도 부모의 말에 귀 기울여 들어줄 것이다. 어떻게 들어야 할지 모르겠으면 한 가지만 기억해도 된다. 바로 '들을 청(聽)'이다. 들을 청(聽)을 보면 먼저 '임금 왕(王)' 자와 '귀 이(耳)'가 있다. 즉 백성의 말을 잘 들어야 하는 왕의 귀처럼 귀를 활짝 열고 잘 들으라는 것이다. 듣고 싶은 것만 듣는 것이 아니라 귀에 들리는 모든 것에 집중해서 잘 들어주라는 것이다. 그다음 '눈 목(目)'에 '열 십(十)' 자가 보인다. 눈 열 개가 보는 것처럼 들을 때는 항상 눈으로 상대를 바라보라는 뜻이다. 그리고 '마음 심(心)'에 '한 일(一)'이 있다. 이는 상대와 한 마음이 되어 들으라는 말이다. 즉, 상대와 한 마음이 되어 공감하며 맞장구를 쳐주라는 것이다. 특히 공감은 타인의 감정에 찬성하여 자기도 그렇다고 느끼는 것으로 상대와 똑같이 느껴주라는 것이다. 그만큼 상대의 눈높이를 맞추어주는 것이 필요하다. 아이가 다섯 살이면 다섯 살의 눈높이에서, 아이가 열다섯 살이면 열다섯 살의 눈높이에서 똑같이 느껴주라는 것이다. 그리고 평소 아이가 어떨 때 어떤 감정을 느끼는지 잘 살펴볼 필요도 있다. 부모들은 이렇게 해야 한다는 것을 알고 있지만, 쉽게 느끼지는 못한다. 왜냐하면, 부모의 감정이 아이의 감정보다 앞서고, 아이의 감정이 무엇인지를 구체적으로 알지 못하기 때문이다. 그리고 부모 자신도 자신의 감정을 누군가로부터 공감받아 본 경험이 부족해 아이의 눈높이에서 아이의 감정을 똑같이 느끼는 건 쉽지 않다.

아이의 이야기를 온 마음을 다해 들어도 공감이 어려울 때는 감정 카드 등을 활용하여 아이가 자신의 감정을 찾을 수 있도록 도와주는 것이 필요하다. 그리고 부모의 감정도 찾고 들려주어야 한다. 이렇게 부모도 아이도 서로의 감정을 표현할 수 있어야 한다. 감정은 표현하는 것이지 표출하는 것이 아니다. 상황에 따라 서로가 느끼는 감정을 표현할 수 있으면 부모와 아이 간의 소통은 훨씬 수월하게 된다.

특히 아이와 대화할 때 부모가 돌아보았으면 하는 모습이 있다. 아이에게 전해지는 부모의 말투와 표정에 주의하는 것이다. 메라비언(Mehrabian)에 의하면 상대와 대화를 할 때 말의 내용은 상대에게 7%밖에 영향을 미치지 않는다. 반면 청각적 요소는 38%, 시각적 요소는 55%

영향을 미친다. 다시 말해 부모가 아이에게 긴 내용의 일장 연설을 해봐야 부모가 생각하는 것만큼 아이에겐 영향을 미치지 못한다. 반면 부모의 표정과 말투가 엄청난 영향을 미친다는 것이다. 그래서 부모는 아이와 대화를 하거나 의사소통을 할 때 무엇보다 밝은 표정과 따뜻한 눈빛, 부드러운 말투가 필요하다. 아이들은 밝고 따뜻하고 부드러운 부모의 분위기를 기억하게 될 것이다. 그러면 아이들은 부모와 대화하고 소통하는 것에 관해 부담을 느끼지 않고, 손쉽게 가까이 다가올 것이다.

동화 중에 〈해님과 바람〉을 떠올려보자. 나그네의 겉옷을 벗긴 건 누구인가? 바람이 세찬 바람을 불면 불수록 나그네는 더 단단히 겉옷을 여몄다. 반대로 해님이 따뜻한 햇볕을 비춰주니 나그네는 저절로 겉옷을 벗었다. 아이들과의 소통 방법도 똑같다. 아이와 소통하고 싶으면 친절하고 따뜻하고 밝은 마음으로 다가가야 한다. 그러면 아이들이 먼저 마음의 문을 열어줄 것이다.

슬기로운 부모생활을 위해서는 둘째, 아이가 전하는 뜻을 먼저 잘 들어주고, 그다음 아이가 잘 받을 수 있도록 부모의 말을 넘겨주면 된다. 그리고 많은 말보단 밝은 표정과 따뜻한 눈빛, 부드러운 말투에 더 신경을 써야 한다. 그러면 아이도 부모가 전하는 뜻을 생각하고, 부모가 잘 받을 수 있도록 자신의 의사를 잘 넘겨줄 것이다.

■ 생각 나누기 ■

아이에게 일방적으로 쏟아냈었던 말들은?

부모는 아이에게 하루 중 얼마나 많은 말을 할까? 그 많은 말 중 아이가 귀도 열고 마음도 열어 받아들이는 것은 얼마나 될까? 부모가 아이에게 하루 중 일방적으로 쏟아내는 말들에 대해 생각을 나누어보자.

▶ 일방적으로 쏟아냈었던 말들은?

▶ 이유

부모의 한마디로 아이는 할 말을 잃습니다.

부모의 한마디로 아이는 그늘을 만듭니다.

부모의 한마디로 아이는 마음에 병이 듭니다.

3

적절한 거리가 필요합니다

부모들은 아이들을 품 안의 자식이라 하여 아이의 나이와 상관없이 옆에 두고 싶어 한다. 심지어 시집 장가를 보내고도 옆에 두고 싶어 하는 부모들이 점점 많아지고 있다. 그로 인해 서로 많은 어려움을 겪기도 한다. 하지만 아이의 나이가 많아짐에 따라 부모와 아이 사이에는 적절한 거리 두기가 필요하다. 적절한 거리를 두는 것이야말로 부모가 아이를 사랑하는 것이고 존중하는 것이다.

적절한 거리를 두라는 것이 방임이나 방치를 의미하는 것은 아니다. 나이에 따라 적절한 거리를 잘 유지하는 것을 말한다. 영유아기의 아이들과 부모들은 한 몸이라 여길 만큼 가까운 거리를 유지하여야 한다. 그래야 아이들이 필요로 하는 것에 바로바로 반응해줄 수 있고, 무엇보다도 안전이 보장되기 때문이다. 하지만 아이들의 자율성과 주도성을 위해 서서히 적절한 거리 두기가 필요하다. 아이 스스로 자신이 원하는 대로 자신의 몸과 마음을 써서 움직일 수 있어야 한다.

그리고 아이들이 세상 밖으로 나가 사용할 능력을 기르는 아동기에는 부모와의 거리가 좀 더 필요하다. 그 거리 안에서 아이들은 친구를 비롯한 다양한 사람들과 다양한 경험을 하고, 그 경험을 통해 자신이 잘하고, 좋아하고, 원하는 것을 찾아갈 수 있게 될 것이다.

아동기까지의 아이는 부모와 물리적으로 적절한 거리를 유지하려고 하지만 심리적으로는 그리 멀리 떨어지려고 하지는 않는다. 하지만 사춘기가 되면 아이는 물리적으로나 심리적으로 더 먼 거리를 원한다. 이때 부모는 이 부분을 허용해야 한다. 그래야 사춘기 아이가 육체적으로뿐만 아니라 심리적으로도 건강하게 성장할 수 있다. 그렇다고 해서 사춘기 아이에게서 완전히 등을 돌리고 멀어지라는 것은 아니다. 한 걸음 뒤에서 아이를 지켜보다 아이가 부모에게 도움을 요청하는 손길을 내밀면 언제든 잡아줄 수 있어야 한다는 것이다. 사춘기에는 아이가 큰 어려움 없이 부모의 품을 자유로이 넘나들 수 있게 해주어야 할 것이다.

그리고 성인기가 되면 물리적으로나 심리적으로나 완전히 거리를 두어 독립시켜야 한다. 물론 성인기에도 부모의 도움이 필요할 수 있다. 그럴 땐 부모의 상황을 고려해 도움을 줄 수도, 주지 않을 수도 있다.

이렇게 아이의 성장에 따라 부모와의 적절한 거리가 유지되어야 한다. 하지만 아이가 영유아기를 지나도, 아동기를 지나도, 사춘기를 지나도 심지어 성인이 되어도 품 안의 자식으로 생각해 적절한 거리를 두지 못하고 서로 힘들다는 아우성을 쏟아낸다. 부모로서 과도한 의무를 다한 대가로 부모와 아이 사이의 관계가 나빠진다. 적절한 거리를 유지하지 못하고 남들만큼은 해주어야 한다는 부모의 불안과 욕망으로 오히려 부모와 아이가 사랑도 잃고 웃음도 잃어간다. 반대로 아이와 부모가 아주 밀접한 거리를 유지했어야 하는 영유아기 때, 그러지 못해 아이 삶의 뿌리가 흔들려 어려움을 겪는 경우도 많다.

"부모에게 자녀의 성장이란 끊임없이 적절한 거리를 찾아가는 일, 자녀의 성장을 제대로 이끄는 것은 심리적으로 충분히 가까우면서도 자녀를 숨 막히게 하지 않는 것이다."

EBS 〈지식 채널 e〉 교육 시리즈 중에서

부모는 아이와 시기에 맞도록 적절한 거리를 유지하면서 아이를 잘 관찰하여야 한다. 그래서 아이가 자신의 상황을 꼭 말로 표현하지 않더라도 알아차릴 수 있도록 민감해야 한다. 아이와의 거리가 너무 가깝거나 너무 멀면 내 아이를 잘 보기가 어렵다. 그러면 아이에 관해 놓치는 부분이 많아진다. 특히 아이들이 자신의 어려움에 대해 말하지 못하는 경우가 생각보다 많다. 흔한 경우로 아이가 학교에서 친구들과의 사이에서 어려움을 겪는데도 잘 알아차리지 못하고 문제가 되돌릴 수 없을 정도로 커진 다음에야 알고 후회하는 모습도 볼 수 있다. 이렇듯 부모가 적절한 거리를 유지하면서 아이를 잘 살펴보면 특히 아이의 어려운 상황을 해결하는 데 적절한 도움을 줄 수 있다. 그로 인해 아이와 부모 사이의 믿음이 더 커지게 될 것은 더 말할 나위 없다.

슬기로운 부모생활을 위해서는 셋째, 아이들의 나이에 맞게 부모들이 물리적으로 심리적으로 적절한 거리를 유지하여야 한다. 이렇게 적절한 거리를 유지하면 아이의 상황에 맞는 적절한 도움과 관심을 전할 수 있게 될 것이다.

■ 생각 나누기 ■

아이와의 적절한 거리가 잘 유지되고 있나?

부모와 아이의 맨 처음 거리 0미터. 그래서 품 안의 자식. 하지만 아이의 성장으로 물리적 거리도 심리적 거리도 멀어져간다. 점점 멀어져가는 아이를 부모는 여전히 품 안의 아이로 두고 싶다. 그래서 부모와 아이는 그 사이의 거리를 적절히 유지하지 못해 더 멀어지고 결국 닫혀버리는 막막한 거리를 유지하게 된다. 부모와 아이 사이의 적절한 거리가 유지되고 있는지에 대해 생각을 나누어보자.

▶ 적절한 거리가 유지되고 있나?

▶ 이유

여러분은

완벽한 부모이기를 원하십니까?

충분히 좋은 부모이기를 원하십니까?

아이들은

완벽한 부모를 원할까요?

충분히 좋은 부모를 원할까요?

4

속도와 방향은 아이에게 맡겨주세요

집에서 콩나물을 길러본 적이 있는가? 콩나물은 떡시루 안에 콩을 넣고 물을 주면 하루가 다르게 쑥쑥 자란다. 즉, 주는 대로 물을 받아들여 쑥쑥 자라는 모습을 보인다. 반대로 대나무가 자라는 모습을 본 적이 있는가?

대나무는 씨앗이 심어진 후 몇 년 동안 자라지 않는다. 아니 자라지 않는 것처럼 보인다. 대나무는 땅속에 뿌리를 내리는 데 5년이란 긴 시간이 필요하다. 하지만 싹이 땅을 뚫고 나온 후에는 하루에 30센티미터씩 자란다. 대나무는 콩나물과 달리 모습을 보이는 데 오랜 시간이 걸리고, 모습을 보인 이후에는 콩나물보다 훨씬 더 빠른 성장을 보인다.

아이들의 모습도 이러하다. 어떤 아이들은 자신에게 무엇인가가 주어지는 대로 성장하는 모습을 보인다. 반면 성장하는 모습을 더디 보이는 아이들도 있다. 하지만 부모들은 내 아이만큼은 빠른 성장 속도를 보이길 바란다. 이웃 엄마가 아이의 성장 속도에 관해 고민하면 '아이들은 다 때가 있으니 기다리면 남들만큼 성장한다.'라고 한다. 그러나 정작 본인 아이의 속도는 무조건 빠르기만을 기대한다. 그러다 보니 부모들은 아이들을 재촉한다. 아이들이 성장할수록 아이의 한 발 뒤에서 지켜봐주어야 하는데 언제나 아이를 한 걸음 앞에서 끌어당긴다. 그 끌어당김에 과부하가 걸린 아이들은 그 속도를 이기지 못하고 결국 쓰러지고 말 것이다.

그럼 속도만 그러할까? 아이들도 분명 자신이 좋아하고, 잘하고, 원하는 방향이 있다. 하지만 아이들에게 이와 관련된 질문을 하면 "몰라요!"라는 대답을 가장 많이 듣는다. 아니면 "엄마, 아빠가 원하는 대로 해야 해서 어차피 말해봐야 소용없어요!"라고 대답한다. 그만큼 부모들이 아이들의 삶을 좌지우지하고 있다. 더군다나 소위 대세를 따라야 한다고 생각하는 부모들은 자기 아이가 남들과 똑같은 방향으로 가기를 원한다.

직업 선호도 조사 결과를 보면 잘 알 수 있다. 요즘 대한민국 부모들이나 학생들이 선호하는 직업 중 상위 순위에 '공무원'이 있다. 다른 직업에 비해 안정적이고 오랜 기간 근무를 할 수 있기 때문이다. 그러다 보니 2020년 한 해만 보더라도 8 · 9급 지방직 공무원 시험 지원자 수가 약 25만 명에 달한다. 어마어마한 숫자이다. 이러한 상황에서 대학생들의 많은 수는 자신의 전공이 무엇이든 대학 4년을 공무원 시험 준비를 위해 보내기도 한다. 왜 이렇게 할까? 물론 현대사회의 빠른 변화로 안정을 추구하는 사회적 심리 탓으로 볼 수 있다. 그럼 안정을 추구하는 삶이 본인의 선택일까? 문제는 그렇지 못한 경우가 많다는 데 있다.

중 · 고등학교, 심지어 초등학교 때부터 부모들은 아이들에게 아이의 미래 특히 대학과 직업에 관한 많은 이야기를 한다. 그리고 부모들이 제시한 방향과 속도에 맞춰 아이들이 해나가길 바란다. 아니 그렇게 해야만 한다고 생각한다. 그러다 보니 아이들은 자신이 원하는 방향과 속도에 관해 생각도 고민도 할 필요가 없다.

그저 부모가 알려주는 대로 나아가는 삶! 문제는 없을까? 만약 부모가 알려준 대로 큰 문제 없이 해나간다면 다행이지만 그러기는 쉽지 않다. 그러다 보니 성인이 되어 부모를 탓하고, 원망하는 모습을 어렵지 않게 보게 된다. 큰 문제 없이 해나갔다 하더라도 자신이 원하고 갈망하는 것에 대한 미련을 버리지 못하고 마음속으로 갈등하며 꾹꾹 참아내는 경우도 많다.

몇 년 전 〈SKY캐슬〉이란 드라마가 엄청난 인기를 끌었다. 대한민국의 교육 지상주의, 성적 지상주의, 성공 지상주의, 대세 지상주의를 잘 보여주는 드라마였다. 내 아이의 1등을 위해서라면 어떠한 것도 할 수 있는 부모들의 모습은 가히 충격적이었다. 하지만 그 드라마에서 그야말로 가질 것 다 가진 50대의 의사 강준상이 자신을 의사로 만든 어머니를 향해 쏟아내는 이야기를 들으며 망치로 한 대 맞은 기분이 들었다.

"그동안 어머니가 분칠해 포장해 무대에 세워놓는 바람에 제 얼굴이 어떻게 생겨 먹었는지 모르고, 근 오십 평생을 살아왔잖아요!"

"나이 오십에 스스로 아무것도 못 하게 엄마가 만들었잖아요."

"병원장 강준상이 아닌, 그냥 엄마 아들로 살면 안 돼요?"

그리고 이어지는 손녀 예빈과 예서의 이야기에선 통쾌함이 느껴졌다.

"3대째 의사 가문, 그거 왜 만들어야 하는데요?"

"그러니까 왜 당연하냐고요? 도대체 그게 왜 당연한 건데요? 난 할머니하고 다른데. 나이도 외모도 다 다른데 왜 할머니랑 똑같은 생각을 해야 하냐고요?"

"그렇게 가고 싶으면 할머니가 가시지 그랬어요?"

"서울 의대를 가든지 말든지 이제 내가 결정할 거예요. 할머니가 이래

라저래라 상관하지 마세요.”

물론 드라마 속 대사이기도 하고, 부모들이 원하는 직업이나 상황이 다르기에 일반화할 수는 없다. 하지만 큰 틀에서 보자면 부모들은 자신이 정해놓은 방향 위에 아이들을 올려놓고, 그저 다른 곳을 보지 못하는 경주마가 되기를 바라는 것 같다. 그것도 다 아이들을 위해서 그런다는 이유를 붙이면서. 과연 부모들은 아이들을 위해서만 그럴까?

많은 부모가 지금도 될 수만 있다면 내 아이가 인간 강준상이 아닌 분칠된 강준상이 되어주길 꿈꾸고 있을 것이다. 그리고 아이를 분칠된 강준상으로 만들기 위해 고군분투하고 있을 것이다. 하지만 부모가 원하는 분칠된 강준상을 만들기 위해 고군분투하는 시간에 앞서 아이가 어떤 방향으로 나아가고 싶어 하는지부터 먼저 알아야 할 것이다.

부모들은 아이들에 관해 다 알고 있고, 그러하기에 부모가 일러주는 대로 하기만 하면 행복하게 살아갈 수 있을 것이라 착각한다. 하지만 부모라고 해서 아이를 다 알 수도 없고, 부모가 일러주는 대로 살아야 아이들이 행복하게 살아갈 수 있는 것은, 더더욱 아니다. 아이들이 행복하게 자신의 삶을 살려면 아이들 스스로가 자신을 알아야 한다. 그래서 자신이 원하는 방향으로 원하는 삶을 살아갈 수 있어야 한다.

슬기로운 부모생활을 위해서는 넷째, 아이들 삶은 아이들 스스로 찾아 나아갈 수 있도록 속도와 방향을 아이들에게 맡겨야 한다. 그리고 아이들이 자신의 속도와 방향을 찾아갈 수 있도록 부모는 옆에서 지켜주고 기다려주면 된다.

■ 생각 나누기 ■

아이의 속도와 방향은?

'아이가 빨리 해내지 못하면 어쩌지, 아이가 엉뚱한 방향으로 가면 어쩌지?'라고 하며 부모들은 조급하고 불안하다. 아이들은 자신을 보며 조급하고 불안해하는 부모를 보며 더 조급해지고 불안해진다. 부모들의 조급함과 불안을 뒤로 물려야 한다. 아이가 원하는 속도와 방향에 대해 생각을 나누어보자.

▶ 아이가 원하는 속도와 방향은?

▶ 이유:

흔들리지 않고 피는 꽃이 어디 있을까요?

젖지 않고 피는 꽃이 어디 있을까요?

누구나

흔들리며 젖으며

방향과 속도를 찾아갑니다.

자신만의 속도대로 천천히

자신만의 빛깔대로 자유롭게

그렇게 자신만의 꽃을 피워냅니다.

5

원칙은 필요해요

부모들에게 아이들의 모습 중 이해하기 어려운 점이 무엇인지 물어보면 나오는 대답의 공통점이 있다. '게임을 한번 시작하면 끝이 안 난다.', '해야 하는 공부를 미룬다.', '아이 방에 들어가고 싶지 않을 정도로 정리정돈을 안 한다.', '스마트폰을 너무 많이 사용한다.', '기본적인 생활 통제가 어렵다.', '학교 과제나 준비물을 스스로 챙기지 못한다.' 등 비슷한 어려움을 말한다. 이러면 어떻게 해야 할까? 아이 스스로 자신의 행동에 문제가 있음을 깨달을 때까지 기다리기만 하면 될까? 부모가 기다릴 수만 있고, 아이가 스스로 깨달을 수만 있다면 가장 효과적인 방법이라 할 수 있다. 하지만 무작정 기다릴 수는 없다. 그렇다고 부모가 일일이 대신에 해주어서도 안 된다. 그리고 아이의 잘못된 행동에 대한 부모의 명령, 지시, 통제, 경고, 위협, 비난 등의 잔소리도 통하지 않는다. 그럼 어떻게 해야 할까? 가정마다 가정에 맞는 원칙이 있어야 한다. 기본 생활에 필요한 원칙부터 공부와 관련된 원칙, 스마트폰 사용과 관련된 원칙 등 아이가 스스로 조절이 안 되는 부분에 대한 원칙이 필요한 것이다.

원칙을 정할 때는 어떻게 해야 할까? 원칙을 정할 때 가장 주의하여야 할 점은 부모가 일방적으로 정해서는 안 된다는 것이다. 부모가 일방적으로 정한 원칙은 원칙이 아니라 강요이기 때문이다. 그러면 아이들은 처음 몇 번만 지켜주는 척하다 다시 제자리로 돌아온다. 원칙을 정할 때는 먼저 원칙을 정하고 싶은 사항에 대해 부모도 아이도 각자의 의견을 자유롭게 낼 수 있어야 한다. 부모, 아이 양쪽의 의견이 다 모이면 의견마다 찬성과 반대로 양쪽의 의사를 물어야 한다. 그래서 양쪽이 모두 다 찬성한 의견부터 실천할 원칙으로 정하는 것이다. 그런데 가정에서 만든 원칙을 부모가 일방적으로 만들어도 안 되듯이, 아이에게만 실천하라는 것도 큰 실효성이 없다. 결국, 원칙은 아이도 부모도 같이 지켜야 한다. 즉, 부모가 지키기 어려운 원칙은 아예 원칙에 넣지 말아야 한다.

가장 흔한 예로 많은 가정에서 스마트폰 사용에 있어 밤 10시 이후로는 사용하지 않는 원칙을 만든다. 그런데, 아이한테는 10시 이후 스마트폰 사용을 금지하고 부모는 계속 사용한다면, 아이에게 이 상황은 원칙으로 다가오지 못하고 억울한 감정만 증폭시키는 것이 될 뿐이다. 그러다 그 억울함이나 스마트폰의 유혹을 도저히 참지 못하게 되면 부모를 속여서라도 하게 된다. 그리고 부모들이 아이들에게 원하는 흔한 원칙 중 하나는 욕 등의 거친 말이나 소소한 규칙을 어기지 않았으면 하는 것이다. 하지만 아이들의 눈에 보이는 부모들의 모습은 어떠한가? 특히 운전하는 부모들의 모습을 보면 아이들에게 이러한 원칙이 통할 수 있을까 하는 의문이 든다. 아이와 함께 동승을 한 상태임에도 불구하고 다른 운전자를 보며 거친 말을 쉽게 내뱉는다. 그리고 신호 위반 정도는 가벼이 여긴다. 일상에서의 쉽게 흔히 볼 수 있는 이러한 부모들의 모습을 보고 아이들이 어떤 것을 생각하고 배우게 될까? 그러니 아이가 지켰으면 하는 원칙을 정할 마음을 먹었다면 부모도 같이 지킬 각오가 되어 있어야 한다. 어쩌면 부모가 아이들보다 더 솔선수범해서 원칙을 지켜야 아이들도 원칙을 지키려 노력할 것이다. 그만큼 하나의 작은 습관이라도 아이 스스로 만들기는 쉽지 않다. 왜냐하면, 자율성과 주도성을 통해 스스로 조절할 수 있는 시기를 놓쳤기 때문이다. 그래서 유혹을 이겨내고 스스로 조절하기가 몇 배는 더 어려운 것이다. 머리로 생각도 하고, 마음도 먹어보지만, 몸이 자신이 생각하고 마음먹은 대로 움직여주지 않는다. 결국, 아이들에게 필요한 습관을 위해서는 원칙을 정할 때도, 원칙을 실천할 때도 부모의 도움과 동참이 필요하다. 그리고 한꺼번에 많은 원칙을 만들고 지키려 하기보다는 꼭 지켜야 할 원칙 한두 가지부터 시작해보는 것이 훨씬 더 효과적이다. 아이가 원칙을 잘 지켰거나 지키려고 애쓰는 모습이 보이면 적절한 반응을 해주어야 한다. 그래야 다음에도 지키고 싶은 마음이 생긴다. 그리고 세운 원칙 이외에는 눈을 감아주는 융통성도 필요하다. 사소한 것에 집착하다 더 중요한 것을 잃게 되는 우를 범하지 말아야 한다.

또 하나 중요한 것은 일관성이다. 원칙을 정해서 실천을 하던 중 원칙이 무너지는 가장 큰 이유는 일관성의 부재이다. 특히 부모의 기분이나 처한 상황에 따라 원칙이 지켜지지 않는 경험을 하다 보면 아이들은 원칙의 중요성을 상실하게 된다. 그러면서 원칙을 왜 지켜야 하는지에 대한 의문만 늘어난다. 그러면 결국 부모와 아이 사이의 갈등을 부추기는 요인이 되고 만다. 부모의 기분이나 상황에 따라 더 엄격해지거나 더 느슨해지는 모습을 보이면 안 된다. 이것은 아이들에게 부모를 속이고 눈치를 보거나, 더 고집을 부릴 수 있는 빌미를 제공하는 것이다. 부모의 기분이나 상황에 따라 원칙이 왔다 갔다 해서는 곤란하다.

슬기로운 부모생활을 위해서는 다섯째, 가정에 필요한 원칙은 있어야 한다. 다만 이 원칙을 정할 때 부모와 아이의 의견이 모두 반영되어야 하고, 원칙을 실천할 때도 부모와 아이가 함께해야 한다. 그렇지 못한 원칙은 오히려 부모와 아이 관계에 어려움만 초래할 뿐이다.

■ 생각 나누기 ■

부모와 아이가 함께 만들어보고 싶은 원칙은?

부모가 원칙 없이 요구하는 것들은 아이가 받아들이기 어렵다. 부모 역시 원칙 없이 행동하는 아이의 모습을 다 받아들이기 어렵다. 부모와 아이가 함께 만들어보고 싶은 원칙에 대해 생각을 나누어 보자.

▶ 만들어보고 싶은 원칙

▶ 이유

늘 걱정이 앞섭니다.

아이가 잘 성장하고 있는지?

아이가 올바른 길로 가고 있는지?

걱정하지 마세요.

아이가 부모와 함께

올바른 길로 잘 성장하고 있음을 믿으세요.

6

스스로 성장하는 힘을 믿어주세요

부모들은 아이들에게서 무엇을 가장 믿고 싶을까? 이 질문에 다양한 답이 나올 수 있다. 필자는 '아이들은 스스로 성장하고자 하는 힘으로 살아간다!'라는 것을 가장 믿고 싶고, 부모님들도 이 사실을 믿어주길 바란다. 하지만 부모들과 아이들 사이에서의 이 믿음은 매우 약하다.

앞서도 언급했듯이 아이들이 무엇인가를 해보다 믿음을 저버려서가 아니라 영유아기 때부터 아이들에게 '스스로'라는 기회가 주어지지 않기 때문이다. 그러니 아이들은 아이들대로 스스로 성장하는 힘을 키우기도 전에 오히려 부모들에게 그 힘을 고스란히 빼앗기고 있다.

그러면서 아이들을 향한 부모들의 한숨과 잔소리만 늘어난다. 나이가 들어갈수록 아이들이 보이는 모습이 한심스럽기도 하고, 어떻게든 하도록 해야 한다는 생각에 잔소리가 늘어날 뿐이다. 그러다 부모가 아이와 겪는 갈등의 골은 더 깊어진다. 하지만 이런 부모의 통제는 절대 아이를 변화시키지 못한다. 잔소리나 간섭으로 해결될 수 있는 문제였다면 왜 많은 가정에서 똑같은 모습을 보이겠는가. 잔소리나 간섭으로 스스로 알아서 행동하는 의지가 생기지는 않는다. 더군다나 생각할 겨를도 없이 계속해서 지시하고 명령이 아이에게 내려지면 상황은 더 악화일로로 치닫게 된다. 행동으로 스스로 해보아야 한다. 자신의 몸과 마음과 머리를 써서 스스로 해보지 않으면 자기 것이 되는 것은 없다. 결국, 스스로 할 기회를 주고 스스로 하도록 기다려주어야 한다. 그래서 작은 것부터 스스로 성취하는 경험도 해보고, 다양한 상황에 대처할 수 있는 능력도 키워야 한다. 물론 해보지 않은 것을 하는 경우, 하기 전 친절하게 알려주고 적절히 도움을 주는 일도 필요하다. 하지만 대신해주거나 잔소리나 간섭으로 해결하는 것은 바람직하지 않다.

아이들은 스스로 하고자 하는 힘을 기르고, 스스로 하는 경험을 쌓아 홀로서기를 해야 한다. 그런데 스스로 성장하는 힘의 배양을 가장 방해하는 요소가 무엇일까? 모순되게도 '아이를 위하는 마음'과 '공부'이다. 아이를 위하는 마음에 아이가 힘들까 봐 부모가 대신 모든 것을 해주는 것이다. 아이 스스로 경험해보아야 하는 시기에도 밥 먹여주고, 옷 입혀주고, 가방 들어주고, 장난감 정리해주고, 다리 아플까 봐 유모차에 태워 다니는 등 모든 것을 해준다. 그러다 학교 다니기 시작하면 모든 이유 앞에는 '공부'가 붙는다. 공부를 위해서라면 일어나는 것도, 방 정리도, 해야 할 일을 일일이 알려주는 등 거의 모든 것을 부모가 한다. 이렇게 해주다 보면 스스로 하는 힘이 생겨 홀로서기를 할 수 있으리라 믿는다. 하지만 스스로 해보지 않고 자신의 것이 되는 경험은 없다. 한 번에 척척 잘하든, 여러 번의 실수로 시행착오를 겪든 아이들이 스스로 해보아야 한다. 아이를 위하는 마음과 공부라는 이유로 아이들에게 주어진 기회를 뺏으면 안 된다. 자신에게 주어진 기본도 못 하면서 어찌 다른 것들을 잘할 수 있을까. 아이들은 제 나이에 맞는 기본적인 행위를 스스로 해야 스스로 성장하는 힘을 키울 수 있으며, 성인이 되었을 때 홀로서기가 가능해진다.

봉사활동을 하던 곳에서 우연한 기회에 듣게 된 20대 청년의 이야기가 떠오른다. 목표가 뚜렷한 모범생인 형과는 다른 자신을 보며 불안할 때도 많았다고 한다. 하지만 끊임없이 자신을 믿어주는 부모님, 특히 어머니의 믿음과 기다림에 크게 감사하다는 이야기를 들을 수 있었다.

"초등학생 때까지는 큰 문제를 일으키지는 않았습니다. 하지만 공부하기를 싫어하며 게으름을 많이 피우고 놀고만 싶어 했었던 것 같아요. 중학생 때도 공부에 크게 관심이 없고 소위 가방만 들고 왔다 갔다 하며 게임을 좋아해 게임으로 시간을 보내며 지냈습니다. 그러다 고등학생이 되어 노래하는 친구들과 어울리게 되고, 부모님이 내색하지 않으셨지만 노래한다며 부모님 속을 꽤 썩게 한 것 같아요. 대학도 큰 목표 없이 성적에 맞추어 입학했고, 노래로 많은 시간을 보내며 그럭저럭 다녔습니다. 그렇게 대학교를 졸업할 때까지 노래하며 시간을 보냈지만, 뜻대로 안 되었어요.

그러던 어느 날 이렇게 계속 있어서는 안 되겠다는 생각이 들었습니다. 다시 말해 저의 모습과 제 미래에 대해 고민을 하게 되었어요. 그 순간 제가 왜 그런 고민을 하게 되었는지 지금 생각해봐도 의아해요. 물론 노래에 더 많은 시간을 들이고 노래로 성공하고자 노력을 해볼 수도 있었지만, 그때 저에 관한 고민이 저에게 다가왔어요. '인제 와서 내가 만약 노래하지 않는다면 무엇을 할 수 있을까?' 하는 고민과 함께 지금까지 지켜봐준 가족을 비롯한 주변 사람들에게 어떻게 이야기할지가 가장 큰 고민이었습니다. 하지만 그 고민은 생각보다 쉽게 해결되었어요."

쉽지 않은 부분이었을 것 같은데 어떻게 쉽게 고민이 해결되었을까 매우 궁금했다.

"노래하겠다고 했을 때도 그랬지만 어머니의 지지가 큰 힘이 되었습니다. 그리고 노래를 그만두는 것, 그리고 새로이 무엇인가에 도전하는 것에 대해서 저와 많은 이야기를 나누어주셨어요. 그러면서 저에게 제 생각들을 하나씩 정리할 수 있는 시간이 주어졌던 것 같아요."

어머니가 해주셨던 여러 이야기 중 가장 큰 힘이 되었던 이야기를 해주었다.

"지금까지 노래하며 들였던 노력이나 시간은 절대 헛된 것이 아니다. 앞으로 아들이 어떤 선택을 해서 무엇을 하든 잘해나갈 수 있도록 해주는 네 삶의 튼튼한 뿌리가 될 거야. 그러니 네가 원하는 것이 무엇인지 고민해보고 다시 이야기 나누어보자."

그렇게 20대 중후반에 자신의 미래와 삶에 대한 고민이 시작되었고, 봉사활동을 통해 아이들을 가르치는 선생님이 되고 싶다는 목표가 생겼다. 그래서 2년간의 수능 준비 기간을 거쳐 지금은 초등학교 선생님이 되고자 교육대학교에 다니고 있다고 했다.

청년의 이야기를 들으며 같은 엄마로서 그의 어머니 마음이 느껴졌다. 올라오는 불안을 다스리며 아들을 믿고 기다려주기가 쉽지만은 않았을 것이다. 하지만 끊임없이 아들의 처지에서 생각하며 아들이 스스로 성장하는 힘을 잘 발휘하여 언젠가 홀로서기에 꼭 성공할 것이라는 아들에 대한 굳은 믿음이 있었기에 기다림이 가능했을 것이다. 그리고 결국, 청년은 어머니의 믿음을 저버리지 않았다.

슬기로운 부모생활을 위해서는 여섯째, 모든 것을 떠먹여주려 하지 말아야 한다. 스스로 생각하고 고민하고, 행해보는 기회가 주어져야 한다. 두세 살에 밥 떠먹여주던 것이 자신이 무엇을 하고 어느 방향으로 가야 하는지를 모르는 성인으로 만들 수 있다. '그냥 살다 보면 괜찮아지겠지, 그냥 나이 들면 하겠지.'라고 부모들이 생각하지만 그렇게 되는 경우는 거의 없다. 무엇보다 아이들은 부모들이 믿는 만큼 성장한다. 아이들을 믿고 스스로 할 수 있도록 기다려주자.

■ 생각 나누기 ■

아이가 스스로 잘하는 것은?

아이들이 하는 모습을 보면 늘 만족스럽지 못하다. 하지만 아이들도 분명 애쓰고 있을 것이다. 아이의 모습 중 아이가 스스로 잘하는 것에 대해 생각을 나누어보자.

▶ 아이가 스스로 잘하는 것은?

▶ 이유

행복의 반대말은?

불행이 아닙니다.

행복의 반대말은?

비교입니다.

비교는 불행의 씨앗입니다.

7

어떤 사랑을 하시나요

부모들은 아이들을 사랑한다. 이것에 대해 부정할 부모들은 없을 것이다. 실제로 만나는 모든 부모는 아이들을 사랑한다고 한다. 물론 아이들도 부모를 사랑한다.

하지만 부모가 주는 사랑을 어떻게 느끼는지는 다른 것 같다. 초등학교 고학년 중에는 부모가 자신을 사랑하지만, 진짜인지 의문이 들 때가 있다고 하는 아이들을 만날 수 있다.

왜 부모가 주는 사랑에 대해 의문이 생기기 시작하는 것일까?

몇 해 전 고민을 나누는 프로그램인 KBS 2TV 〈안녕하세요〉(2018년 4월 16일)에 나온 고등학교 3학년 딸이 늘 마음 한곳에 자리를 잡고 있다. 부모님의 맞벌이로 할머니 손에서 자란 주인공은 엄마, 아빠가 늘 집에 없어 너무 그리웠고 외로웠다.

부모는 매일 딸에게 집에 있으라 하면서 정작 부모는 집에 없었고, 돈 2만 원씩만 두고 가셨다. 하지만 정작 본인이 필요했던 것은 돈이 아니라 엄마, 아빠와 함께 하는 시간이었다.

그래서 딸은 부모에게 할머니에게 자신을 버리고 간 것이냐 하는 질문까지 하게 되었고, 부모에게서 돌아오는 건 대답 대신 '화'였다고 했다. 딸은 고등학교 3학년이 되도록 부모의 사랑이 결핍되어 있었고, 무엇보다 부모의 사랑을 확인하고 싶어 했다.

부모는 아이를 사랑했고, 지금도 사랑하고, 여전히 사랑할 것이라 말한다. 하지만 아이가 그렇게 느끼고 믿고 있는가가 문제이다. 아이에 대한 부모의 사랑을 알려면 사랑의 기준이 누구인가를 살펴보아야 한다.

부모가 말하는 사랑은 대부분 부모 자신이 기준이다. 부모의 상황이나 여건, 기분에 따라 아이를 사랑한다. 그러면서 아이에게 부모의 사랑을 느끼고 이해해달라고 한다. 하지만 부모의 기준에서 하는 사랑은 아이가 온전히 느끼고 믿기 어렵다.

사랑은 부모가 할 수 있는 사랑을 하는 것이 아니라, 아이가 원하고 느낄 수 있는 사랑을 해야 한다. 사랑(love) 아닌 사랑하는 것(loving)이며, 사랑하는 것보다 더 중요한 것은 사랑받고 있다고 느끼게 해주는 것이다. 즉, 사랑의 기준이 부모가 아니라 아이여야 한다.

아이는 부모와 부대끼며 함께하기를 원하는데 부모는 부모의 상황이 그렇지 못하니 돈 2만 원으로 사랑을 전했다. 그러면서 아이가 부모의 사정을 이해하고 부모의 사랑을 알 것으로 생각했다. 하지만 아이들은 알지 못한다.

특히 영유아기를 비롯해 아동기까지 부모로부터 자신이 원하는 사랑을 충분히 온전히 받지 못한 경우에는 더더욱 그렇다. 아이들이 부모가 하는 사랑을 이해하고 느끼기 위해서는 먼저 아이가 원하는 사랑을 충분히 온전히 경험해야 한다.

부모는 하루를 보내며 아이에게 사랑의 표현을 어떤 방식으로 몇 번이나 할까? 그리고 아이는 그 사랑을 어떻게 느끼고 있을까? 사랑의 표현도 아이가 원하는 방식으로 원하는 만큼 해주어야 한다. 그래야 아이는 부모가 자신을 사랑한다고 느끼고 믿는다.

즉, 사랑은 부모가 원하는 사랑을 하는 것이 아니라 아이가 원하는 사랑을 주어야 한다. 물론 쉽지 않을 수 있다. 하지만 아이가 원하는 사랑을 받는 것이 아이의 몸도 마음도 생각도 건강하게 성장시킬 수 있는 보약이다.

고등학교 3학년 딸의 사례를 방송한 〈안녕하세요〉에서 이영자 씨가 했던 말이 매우 인상적이었다. 이영자 씨 본인도 사랑을 표현해주지 않은 아버지로부터의 아픔을 이야기하며

"세상을 이기는 힘은 가장 많은 사랑을 받는 것이다.
부모가 자신을 낳았다고 해서 부모가 자신을 사랑할 것이라고
알지 못한다.
사랑은 표현해주어야 한다. 알려주어야 한다.
아버지가 그렇게 못 하면 엄마라도 번역해주어야 한다.
아버지는 너를 사랑하는 거란다. 엄마도 너를 사랑하는 거란다.
아버지도 안 해주고, 엄마도 안 해주었다. 끝끝내 안 해줬어요.
교육이고 뭐고 필요 없다.

자식은 무조건 사랑이다.

그래야 세상에 나아가

이길 힘이 생긴다. 살아갈 힘이 생긴다.

아끼면 뭐 하나? 부모가 돈 벌면 뭐 하나?

딸이 부모의 사랑을 못 느끼는데!

부모는 변해야 한다!"

사랑은 '표현해주어야 하는 것'이라 강조하였다. 물론 아이가 원하는 사랑을 한다는 것이 쉽지는 않다. 하지만 아이가 가정에서 부모로부터 온전히 사랑받고 존중받는 경험을 해야 한다. 그래야 세상 밖으로 나가서 다른 사람을 사랑하고 존중할 수 있게 된다.

아이들 삶의 뿌리는 뭐니 뭐니 해도 부모의 사랑이다. 부모의 사랑이 온전히 뿌리를 내리지 못한 아이의 삶은 온전할 수 없다. 부모에게서 받지 못한 사랑을 받기 위해, 확인하기 위해 많은 시간을 방황한다. 그러니 아이가 원하는 사랑을 하나씩 차근히 느끼도록 해주는 것이 필요하다.

슬기로운 부모생활을 위해서는 일곱째, 부모로서 아이에게 어떤 사랑을 하고 있는지를 돌아보아야 한다. 부모의 편리에 따라, 상황에 따라, 기분에 따라 부모가 하고 싶은 사랑을 하면 안 된다.

아이가 필요로 하고 원하는 사랑을 주어 아이가 사랑받고 있다고 느끼고 믿게 해주어야 한다. 부모가 원하는 대로 사랑하면 아이 마음에 있는 문은 닫히게 될 것이다.

■ 생각 나누기 ■

아이에게 어떤 사랑을 하는가?

부모들에게 물으면 아이를 사랑하지 않는다는 부모는 없다. 그런데 정말 아이를 사랑하는 것이 맞을까 하는 의구심을 갖게 하는 부모들도 있다. 부모로서 나는 아이에게 어떤 사랑을 주고 있는지에 대해 생각을 나누어보자.

▶ 아이에게 어떤 사랑을 주는가?

▶ 이유

짧게 말하기

되묻지 않기

서운해 말기

귀담아 듣기

오해도 말기

그대로 듣기

화내지 말기

뒤돌아 웃기

보채지 말기

기다려 주기

그늘이 되기

부모가 되는 것, 사랑하게 되는 것.

만일 내가 다시 아이를 키운다면

만일 내가 다시 아이를 키운다면
먼저 아이의 자존심을 세워주고
집은 나중에 세우리라

아이와 손가락 그림을 더 많이 그리고
손가락으로 명령하는 일을 덜 하리라.

아이를 바로 잡으려고 덜 노력하고

아이와 하나가 되려고 더 많이 노력하리라.

(중략)

만일 내가 다시 아이를 키운다면

더 많이 아는 데 관심 갖지 않고

더 많이 관심 갖는 법을 배우리라

(중략)

덜 단호하고 더 많이 긍정하리라.

힘을 사랑하는 사람으로 보이지 않고

사랑의 힘을 가진 사람으로 보이리라.

–

다이애나 루먼스의 시 「만일 내가 다시 아이를 키운다면」 중에서

슬기로운 부모생활

에필로그

부모가 어려운 이유는 무엇일까?

언제나 '선택과 책임'이 뒤따르는 지위다.

부모가 어려운 이유는 수천수만 가지를 댈 수 있겠지만 우선 부모는 항상 선택의 갈림길에 서게 된다는 것이다. 물론 모든 인생에 정해져 있는 하나의 정답은 그리 많지 않지만, 아이가 태어나는 순간부터 부모의 모든 것은 선택의 연속이다. 매 순간이 선택이고 선택한 것에 대해 항상 책임이 따른다.

부모의 선택은 아이에게 직접적인 영향을 미치므로 그만큼 어렵고 책임이 커지는 것이다. 그래서 부모의 지혜롭고 현명한 선택이 필요하고, 부모들은 신중에 신중을 다한다. 신중을 다한 선택이지만 의도하지 않게 아이에게 좋지 못한 결과를 가져올 수도 있다. 그러하기에 부모는 어렵다.

하지만 아이에 관한 부모로서의 선택을 남에게 맡길 수는 없다. 그러면 어떻게 해야 잘못된 선택을 줄일 수 있을까? 일방적으로 밀어붙이거나 무조건 대세를 따를 것이 아니라 평소 부모 자신과 아이에 대해 잘 알아야 한다. 특히 평소 아이를 잘 살펴 아이의 성격, 아이가 좋아하는 것, 싫어하는 것 등 여러 가지 아이가 지닌 성향을 잘 파악하고 있어야 한다.

그리고 아이의 성향을 존중하며 아이에게 맞는 선택을 해야 한다. 물론 부모의 성향과 아이의 성향이 비슷하다면 선택의 어려움이 줄어들겠지만, 그렇지 않은 경우를 훨씬 더 많이 보게 된다. 부모들과 아이들 모두가 다 어렵다고 이야기하는 이유에서도 볼 수 있듯이 서로 본인은 오른쪽으로 가고 싶은데 상대가 왼쪽으로 가길 원해서 힘들다고 한다. 즉 상대가 자신이 원하는 대로 해주지 않아서 서로 힘들다고 한다.

하지만 나 자신도 내 마음대로 하지 못하는데 아무리 내 아이지만 어떻게 내가 원하는 대로, 내 선택대로 따라주길 바랄 수 있을까? 아이가 부모인 나의 선택을 무조건 따라주기를 바라는 것은 무리이다. 그리고 아이는 부모의 선택을 무조건 따라서도 안 된다. 아이가 스스로 자신에 대해 생각하고 자신이 무엇을 선택해야 할지를 매 순간 고민하고 선택할 수 있어야 한다. 그러면서 아이들은 성장해야 한다. 이 과정을 통해 부모와 아이는 '따로 또 같이'의 행복한 여정을 함께 해나갈 수 있는 것이다.

그러면 부모와 아이의 '따로 또 같이'의 행복한 여정에서 부모가 보여주어야 할 것은 무엇일까? '콩 심은 데 콩 나고, 팥 심은 데 팥 난다.'라는 속담을 항상 마음에 새겨야 한다고 생각한다. 부모가 아이에게 보여줄 수 있는 가장 큰 가르침은 아이가 이 세상을 어떻게 살아가야 하는지를 보여주는 것이다. 백 번 천 번 말로 해보아야 소용이 없다. 특히 말로 하는 잔소리는 백해무익이다. 부모와 아이의 관계만 더 해칠 뿐이다. 물론 말로 하는 훈육이 필요할 때도 있다. 하지만 훈육과 잔소리는 다르다. 말로 하는 훈육보다 더 아이들에게 직접적인 영향을 미치는 것은 부모가 몸소 보여주는 것이다.

예를 들어 형제간에 거친 말이 오갈 때 거친 말을 쓰지 말라고 아무리 말해보아야 소용없다. 그 순간엔 거친 말을 쓰지 않겠다고 약속도 하고 다짐도 하지만 잘 지켜지지 않는다. 부모는 화가 나거나 불만이 생기면 쉽게 거친 말을 쓰면서 아이에겐 그런 상황이 생기더라도 거친 말을 쓰면 안 된다고 한다면 아이들은 어떤 생각이 들까? 부모가 끊임없이 거친 말을 쓰지 않고 상대와 소통하는 모습을 보여야 한다. 간단한 예로 거친 말을 쓰는 상황을 이야기하였지만, 아이들은 부모들의 일거수일투족에 영향을 받는다. 그래서 부모가 정말 어렵다.

1,000톤의 앎과 1g의 실천 중 어느 것이 더 힘을 발휘할까?

부모교육에서 간혹 다 아는 이야기 말고 색다른 한 방을 알려 달라는 부모들이 있다. 하지만 세상이 아무리 변해도 시대가 바뀌어도 부모가 가져야 할 모습이 있다. 그리고 아는 것을 실천해야 한다. 아이에게 원하고 바라는 모습이 있다면 어떻게 해야 할까? 부모부터 그 모습을 먼저 보여주면 된다고 부모들은 알고 있다. 그러나 아는 대로 실천하지 않는 부모들의 모습을 종종 본다. 아는 만큼 실천하기란 쉽지 않지만, 부모가 실천하는 모습을 보여야 한다. 부모가 실천하기 어려운 건 아이에게 기대하지 않아야 한다. 그리고 실천을 통해 부모의 몸에 습관이 되어야 한다. 하나씩 실천하다 보면 습관으로 자리를 잡는다. 물론 그 과정 중에 실수도 할 수 있고, 시행착오도 경험할 수 있다. 괜찮다. 실수한 순간, 잘못한 순간을 인정하고 다시 올바른 방향으로 가면 된다. 이것도 부모와 아이들에겐 큰 경험이며 공부이다.

완벽이 중요한 것이 아니다. 알고 있는 것을 실천하고 습관이 되도록 최선을 다해 노력하는 모습이 중요한 것이다. 최선을 다해 노력하다 보면 실수도, 시행착오도 저절로 줄어들게 된다. 부모가 이렇게 노력하다 보면 아이도 자신이 원하는 모습을 찾고 한 사람으로서 자신의 세상을 잘 가꾸어 가게 될 것이다.

상담을 진행하고 있는 어머니에게서 한 통의 문자가 왔다. 이번이 마지막이라는 생각으로 중학생인 아들과의 관계에서 생기는 문제의 해결을 본인의 변화로부터 시작해보겠다며 다짐을 하고 돌아간 뒤였다.

"선생님, 어제 아들이 제가 요즘 숙제하라는 말을 안 한다는 걸 알아챘어요. 아들이 그러고 보니 요즘 엄마가 숙제하라는 얘기를 안 하네! 아들이 알아서 하니까 엄마가 얘기 안 했어. 오~ 내가 스스로 잘한다니까 기분 좋은 데~라고 하네요!"

아주 작고 소소한 변화인 것 같지만 부모의 실천으로부터 시작된 큰 변화이다. 부모가 어떻게 하느냐에 따라 아이들도 변한다. 부모가 아는 것을 먼저 실천하면서 아이의 변화를 기다려주자. 이루어지는 모든 것은 작은 변화로부터 시작된다는 것을 유념하도록 하자.

부모들이 아이들을 위해 하는 것들이, 모두 선한 영향력을 미치는 건 아니다. 오히려 독이 될 경우도 많다. 그러니 조급해하지 말고 아이들이 도움을 원해 손을 내밀면 그때 기꺼이 진심으로 손을 잡아주자. 아이들이 '힘들다, 지쳤다.' 하면 '그래도 달려야 해!' 하면서 재촉할 것이 아니라 기다려주자. 부모는 아름드리 고목 나무이면 좋겠다. 아이가 쉬고 싶을 때, 아이가 힘들 때, 아이가 누군가에게 속내를 털어놓고 싶을 때, 아이가 편한 마음으로 행복을 나누고 싶을 때 찾아와 함께할 수 있는 아름드리 고목 나무로 아이들 곁에 있어주자. 그러면서 아이가 원하는 삶의 방향으로 나아갈 때 함께 한 걸음씩 나아가주자.

무엇보다 아이의 성장 단계에 맞는 '슬기로운 부모생활'을 하여 부모와 아이가 '따로 또 같이'의 행복한 여정을 함께해갈 수 있도록 하자. 그러면 부모도 아이도 자기만의 빛깔을 내며 자기만의 꽃을 피울 것이다.

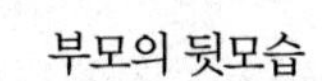

부모는 언제나 지시합니다.

이렇게 하는 거야. 그렇게 하면 안 돼.

그리고 말합니다.

넌 왜 매일 그 모양이니?

도대체 그것도 못 하고 왜 그러는 거야?

때로는 사랑이라는 이름으로

아이를 옭아매며 부모의 틀 속에 가두려 합니다.

그러나 알고 계십니까?

부모가 아이에게 지시하고 가르치는 동안

아이는 자신감을 잃고 상처받는다는 것을….

아이는 부모의 가르침을 통해 배우는 것이 아닙니다.

침묵하고 있는 부모의 눈빛이나

아무렇게나 하는 사소한 행동을 보며

아이는 부모를 닮아갑니다.

아이에게 올바른 길을 제시하는 것은

부모의 가르침이 아니라

부모의 걸어가는 뒷모습입니다.